手绘设计表述

——产品设计手绘表现图解析

王晓云　左铁峰　江　涛 / 著

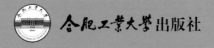

合肥工业大学出版社

王晓云，1980 年出生于安徽省滁州市，2008 年研究生毕业于韩国韩瑞大学产业设计系，获产品设计硕士学位。2008 年至今任教于滁州学院美术与设计学院，副教授。2018 年赴东南大学艺术学院访学。主持省厅级以上科研课题 1 项，作品获得省级奖项 5 项，发表学术论文 6 篇，获得专利 6 项。

作者简介

左铁峰，1972 年出生于黑龙江省齐齐哈尔市，1998 年研究生毕业于鲁迅美术学院工业设计系，获装潢设计（产品设计）硕士学位。2019 年至今任教于滁州学院美术与设计学院，艺术学三级教授，安徽省教学名师，天津工业大学设计艺术学硕士研究生导师。主持省厅级以上科研课题 27 项、省级以上教学质量工程项目 21 项，获得省级教学成果一等奖、二等奖、三等奖多项，作品多次获得国际、国家及省级奖项，发表学术论文 80 余篇（CSSCI 论文 20 余篇），出版著作 20 余部，获得专利 60 余项。

江涛，1975 年出生于安徽省滁州市，1998 年毕业于安徽工程大学，获文学学士学位，2014 年获北京工业大学数字艺术专业硕士学位。1998 年至今任教于滁州学院美术与设计学院，副教授。2018 年赴东南大学艺术学院访学。主持完成教科研课题 8 项，发表学术论文 8 篇。作品入选省级美展 1 项，获省级教学成果奖 2 项。

前　言

　　设计的过程是集成创新的过程，其直接的物质表象是新事物"从无到有"的诞生。而要实现设计构想的物化，则离不开设计表述的正确诠释和准确表达。

　　设计表述形式很多，包括语言和文字、手绘表现图、计算机辅助虚拟影像图、实物模型等。其中，手绘表现图具有表达设计意图准确、阐述设计思路快速、推敲设计要素便捷、呈现设计预期直观等优势，一直是设计过程中不可或缺的重要环节，是设计表述中最具基础作用与实践价值的内容之一。

　　产品设计手绘表现，不仅仅是复制头脑中的创意构想，也是一个复杂的思维再创造的过程，是针对产品设计构思的完善与推敲，是对产品设计意象构思的具体物象展现。在整体设计体系中，产品设计手绘表现图的功能和价值是多元化的，需要从多个层面进行系统挖掘和剖析。在设计初期，产品设计手绘表现图表述的是产品设计的理念、形态的雏形、功能的布局和色彩材质的设定，是设计者对产品设计方案构思、梳理、推敲等思考过程的记录与表达。该阶段手绘表现图的主要职能是传递设计构想，作为设计沟通的载体存在，具有快速、直观等特点。随着设计工作的不断深入，设计者需要对手绘表现图进行更进一步的深化，做出修订、验证与推敲，使其愈发精准，完成的是对初期偏于感性的表现图进行相对理性的调整、检验与完善，达成的是设计构想由"雏形"到相对"成品"的目标。

EXPRESSION

本书作为 2019 年度安徽省级一流本科专业建设点（产品设计专业）（2019swjh12）项目的建设内容之一，是项目负责人左铁峰教授及其团队成员依托滁州学院设计艺术研发中心多年开展相关课题研究的成果总结，书中的部分理论与实践成果具有一定的探索性。其中，左铁峰教授完成的内容累计 6.1 万字，江涛老师完成的内容累计 3 万字。同时，本书的撰写也得到了韩国韩瑞大学与滁州学院相关院部的大力支持，尤其是池文焕教授的鼎力帮助，笔者在此表示衷心的感谢。由于时间仓促以及个人水平有限，书中难免有不足之处，敬请各位读者给予指正和帮助。

笔　者

2021 年 9 月 13 日

目　录

EXPRESSION

第 1 章 设计表述——认知篇

教学目标：讲解与剖析产品设计手绘表现图的内涵、特质和类型，明确学习产品设计手绘表现图的价值、目的和意义

教学重点：论证与讲授产品设计手绘表现图的内涵和特质，掌握学习产品设计手绘表现图的学理依据与具体工作对象

教学难点：剖析产品设计手绘表现图的内涵，为掌握该项知识夯实理论基础

教学手段：PPT 课件讲授

考核办法：随堂提问

设计表述是设计工作开展的第一步，是对设计思维和构想的表达，是将其视觉化转换的重要步骤，是使一个生活中的构想最终实现物化而不可缺少的重要开端。设计表述对初期设计构想的正确诠释和准确表达，对接下来的设计工作的开展和效应的达成具有积极的基础价值。

1.1 设计表述的学理

设计表述的学理，主要是指在运用设计表述手段与形式时应兼顾、遵循与依托的法则和共识，即设计造物原理与指导思想。设计表述的学理是随着时代的变迁而不停地更替发展的良性循环体系。

第一次和第二次工业革命中科技的进步，形成了"以机械为本"的设计思想，在设计表述上强调新技术并彰显机械美学，服从于功能决定形式的功能主义。20世纪后，随着设计理论及人机工程学、认知科学等学科的萌芽和发展，"功能主义"存在极多争议，从"人适机"转入"机宜人"阶段，"以人为本"的设计思想日益形成（如图1-1所示）。

图1-1　"以人为本"延伸出的设计表述

当然，功能仍是设计时必须考虑的因素，只是它的主体核心地位已逐步让位于"人"，形成了"形式与功能合一"的造型原则，达到外在形式与内在功能的高度契合，成了设计表述方式的重要指针（如图1-2、图1-3所示）。

图1-2　早期的蒸汽机车　　　图1-3　爱迪生发明的电报机

伴随着第三次工业革命、消费阶层的中兴、环境危机与造型失落、设计文化探求等形势发展，设计表述的决定因素由设计对象的内部逐渐转变为外部，"以自然为本"的设计思想崭露头角。百余年的历史经验表明，单纯的"以人为本"的设计思想只能有限地改变"以机械为本"造成的负面效应，远不能从根本上解决后者引发的对自然环境的破坏。基于"以自然为本"的设计思想，左右设计表述的因素包括了人、环境和设计对象场等外部条件讯息。其中，人的因素主要表现为设计者给予设计对象的表述应与用户对于该设计的理想价值预期相契合。该因素主要通过人机工学、美学及语义学等，借助认知心理学等相关学理给予设计对象以实施操作、信息传示和目标达成。基于此，情感设计、设计美学及语义交互等成为设计表述的指南，构建的是以人的物理与心理尺度为标准的表述语言。

　　环境因素无疑是"以自然为本"设计思想的重要核心内容。在设计表述上，环境因素主要是指设计表述应与其所处的自然和人文环境间形成契合、共生与互为提升的关系。环境因素既是设计表述的制约、衡量与评价因素，更是设计表述达成的依据资源。依循环境因素的考量，绿色设计、仿生设计与文化设计等设计学理成为设计表述予以重点考量的取向，设计表述应彰显"环境的存在"（如图 1-4 所示）。表述的语言既来自环境，还应以积极的状态建设环境。

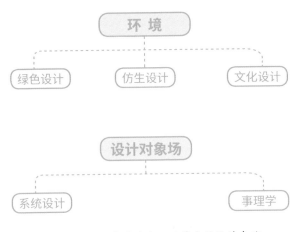

图 1-4　"以自然为本"延伸出的设计表述

　　在"以自然为本"设计思想的指导下，设计表述除了考量人和环境因素之外，还应关注设计对象的自身及所处的系统，即由设计物与"已有物"组成的"小环境"——设计对象场。在现有科技条件与文化背景下，设计物的机能诉求仍然是构成设计表述的制约因素与必需契合的对象之一。而事物存在普遍联系的唯物辩证法决定，经由设计达成的新物种必需兼顾与融入已有物种的体系，方能和谐共生。由此推之，设计表述的内容和形式应面向系统设计与事理学等观点。

　　进入 21 世纪，以人工智能、清洁能源、无人控制技术、量子信息技术、虚拟现实以及生物技术为主，标志着人类已经进入绿色能源时代。这是一场全新的绿色工业革命，即第四次工业革命。这场席卷全球的工业革命最早由德国提出，被称为工业 4.0，它是利用信息化技术促进产业变革的时代，也就是智能化时代，其实质和特征就是大幅度提高资源生产率，经济增长与不可再生资源要素全面脱钩，与二氧化碳等温室气体排放脱钩。设计是时代的艺术。当代社会，在第四次工业革命的驱动下，传统手工业、现代制造业、高科技工业已融为一体，可持续发展、关注自然、与环境和谐相处被空前关注，信息化已被迅速应用于人类生活的各个层面。数字化时代的到来，使设计处于一个重新构造语言的时代。随着信息化、智能化、生态化等新科技、新理念渐趋介入人们生产、生活的各个领域，产品的内涵也在关联的嬗变中得到不断拓展与外溢，其设计内容已不仅停留于静态的视觉层面，动态、情感、服务等多种新形态正陆续进入人们的视野，设计表征呈现出了更多的可能性和不确定性，多维度、多效应与非物质等不断丰富着产品设计的既有认知。

　　对于设计方法的研究，不单纯是为了明确地界定某一特定设计目标所必须采用的设计方法，而是将各类型设计问题的解决、处理办法加以系统化的总结，以得到具有普遍意义的方法论结果。依据狭义逻辑学，形随机能（Form follows function）、形随情感（Form follows emotion）与形随行为（Form follows action）等，仅为设计与完成一件成功产品的必要条件，而非充分条件。包括形随机能、形随情感与形随行为等在内的各类设计方法唯以有机关联、互为补足并适时拓展的途径，秉持中正平和、因时制宜、因物制宜、因事制宜、因地制宜的策略，方可实现由"必要"向"充分"地无限迫近。基于一般系统论，产品作为设计对象与客观物象，其从无到有的创设与构建是由人（设计者、生产者）完成的，而其效用与价值则是其在与人（用户）及其相关系统的能量和信息互换中达成与彰显的。对于产品设计，产品自身与人（设计者、生产者、用户）及环境（社会环境、生态环境）等都可成为左右、制约和影响其设计途径与构建策略的关联要素。沿循"Follows+"设计的维度、逻辑及取向（如图 1-5 所示），"Follows+"的对象不应局限或拘泥于某一"点状要素"（如机能、情感或行为），而应指向物、人、环境等面状或体状的系统性要素，方可在广度、深度上做到最大化的统筹和兼顾，进而在定性、定量上实现产品设计方法相对的科学性、可行性。根据产品的核心属性及系统论，这种系统性要素应涵盖产品作为客观物象的"造物之理"、作为能量与信息交换介质的"造物之能"与作为目的和思想载体的"造物之意"等意义，而与之对应的便是：Form follows reason（形随理）、Form follows ability（形随能）、Form follows meaning（形随意）。基于系统论的产品"Follows+"设计的核心要义与实施机理在于：整合个体性的"点状要素"为局域性"面状要素"，并以"面状要素"为着力点，通过"面面互为、互补"，进而达成"由面及体"的全局性、系统性产品设计目标。根据行为动力理论，形随理、形随能、形随意的系统论设计涵盖了产品创造性活动的外部和内部动机（如图 1-6 所示）。其中，来自设计者之外的"理、能、意"属于能够给予产品设计的外界要求或压力作用，而设计者自身的"理、能、

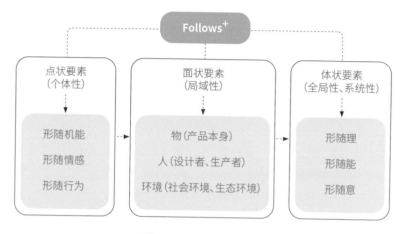

图 1-5 "Follows+"设计

意"则是驱动与促发产品设计行为的内在需要或释怀意愿。针对产品设计，形随理、形随能及形随意的设计方法分别以行为的逻辑性、目的性及思想性等视角和层面，阐释了其行为的途径策略、方式方法与价值圭臬，呈现的是行为从造物、示能到达意的全视域以及必要的感官、行为和心理信息，达成的是产品由面及体、体尽其用、用而生义的系统性创设和构建。

无论是基于"以机械为本""以人为本""以自然为本"和"Follows+"等何种设计思想与学理，提供的只是设计表述达成的指导与依据，设计的最终呈现必需依托一定的载体，而载体的首当是"形态"或"符号"。物质设计如此，非物质设计亦如此。尽管非物质设计依托计算机、网络、人工智能等信息技术，强调以服务为核心与非实物的占有，但不可否认的是，

非物质设计理念的达成仍需依托设计实物的存在，尚不能摆脱具体的载体支撑。而源于符号学的设计语义理论无疑是这一认知在设计表述上具体实施的学理依据之一。设计语义学的本质是通过对外在视觉形态的设计揭示或暗示设计的内部结构，使设计功能明确化，使人机界面单纯、易于理解，

从而解除使用者对于设计操作上的理解困惑，以更加明确的视觉形象和更具有象征意义的形态设计，传达给使用者更多的文化内涵，从而达到人、机、环境的和谐统一。依托设计语义学，设计表述实践完成的是"能指"，即创造符号形式；而设计表述欲达成的目标（设计理念）则潜藏于表述符号的背后（"意指"）。可以说，运用设计语义学，设计表述解决了设计内部与外部双重诉求问题。架构于设计语义学的设计表述，依托的是"能指"，完成的是"符号"，达成的是"意指"。

综上所述，就设计表述的实践而言，在现有的设计认知与相关科学技术背景下，设计对象的机能、人机工学、美学等仍旧是设计表述实施的学理基础，而设计语义学则构成了设计表述的具体依据与方式之一。无论面向上述的何种因素，设计表述均需要依托和借助一定的语言、符号、图形等具象媒介载体，通过设计语义学"能指"与"意指"的达成，才能将特定设计诉求转化为可观、可感的现实存在。

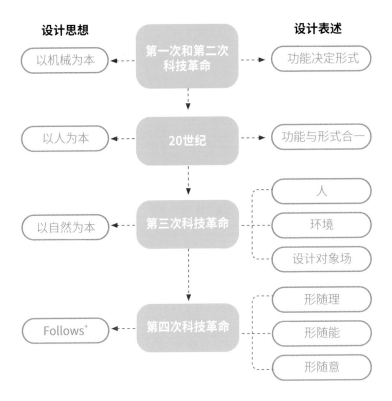

图 1-6　不同时期的设计思想与设计表述

1.2　产品设计手绘表现图的内涵

现代设计是一种群体性的工作，通常是采用集体协作的方式来解决设计中的问题，而设计者与同行及客户间的沟通则主要依赖于设计表述。由此可见，设计表述是设计工作中最具有基础作用和实践意义的核心部分。设计表述作为一种显性载体，以能够全面、客观和具体、有效地阐释设计构想为准则，搭建起设计者与同行及客户间沟通的桥梁，进而达成设计的预期目标。

产品设计的表述形式有很多种，包括语言和文字、手绘表现图、计算机辅助虚拟影像图、实物模型等，其中手绘表现图具有表达设计意

图准确、阐述设计思路快速、推敲设计要素便捷、呈现设计预期直观等优势，一直是设计过程中不可或缺的重要环节，是设计表述中最具基础作用与实践价值的内容之一。手绘表现图，英文多采用"SKETCH"，有草图、素描、梗概之意。它是一种基于绘画、绘图技能的设计表述形式，直观、随性与相对自由是该种形式的特点与优点。对于以手绘图的方式表述设计，上可追溯到达·芬奇绘制的机械装置设计图（如图1-7所示），现可见当下众多设计师绘制的马克笔、数位板表现图（如图1-8、图1-9所示）。

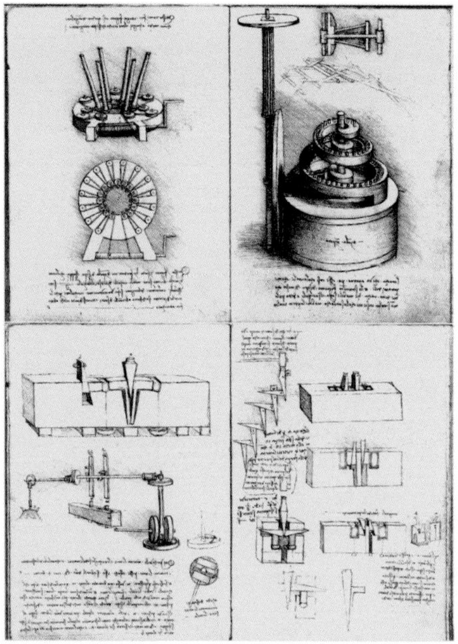

产品设计手绘表现，不仅仅是复制头脑中的创意构想，也是一个复杂的思维再创造的过程，是针对产品设计构思的完善与推敲，是对产品设计意象构思的具体物象展现。在整体设计体系中，产品设计手绘表现图的功能和价值是多元化的，需要从多个层面进行系统挖掘和剖析。在设计初期，产品设计手绘表现图表述的是产品设计的理念、形态的雏形、功能的布局和色彩材质的设定，是设计者对产品设计方案构思、梳理、推敲等思考过程的记录与表达。该阶段的手绘表现图被称为设计构思草图，它的主要职

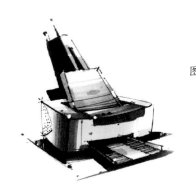

图1-8　马克笔表现图

图1-9　数位板表现图

图1-7　机械装置——达·芬奇手稿

能是传递设计构想，作为设计沟通载体存在，具有快速、直观等特点。在现有的设计技术背景下，设计构思草图已然是产品设计手绘表现图最为主要的职能之一。随着设计工作的不断深入，设计者需要在设计草图的基础上进行更进一步的深化，做出修订、验证与推敲，使其愈发精准，完成的是对初期偏于感性的草图进行相对理性的调整、检验与完善，达成的是设计构想由"雏形"到相对"成品"的完善。

随着现代计算机技术的迅猛发展，计算机辅助设计技术在设计学科专业中得到了广泛的应用与普及，设计的劳动强度被大大降低，设计精度和速度有了长足的进步与提升，其表现效果的仿真性与生动性也着实让人叹为观止。

如今，设计师可以选择手绘或计算机辅助设计，运用不同的设计表现工具，形成丰富多彩的设计图。并且，设计师还可以混合运用手绘和计算机绘图技巧，发挥各自的优势，形成既逼真又有艺术风格的表现作品（如图 1-10 所示）。

图 1-10　手机无线充电消毒器

1.3　产品设计手绘表现图的特质

产品设计手绘表现图，它是指采用手绘的方式，用于表述、传达产品设计理念与设计构思的图纸，它是产品设计者从事设计工作的工具和语言之一，是设计思想得以展现、交流与信息反馈的媒介。产品设计手绘表现图针对与服务的对象是产品设计工作，采取的方式是手绘，完成的形式是表现图，工作的性质决定了其特质如下文所述。

1.3.1　工程性

绘制产品设计手绘表现图的目的在于记录设计构思、梳理设计思路、推敲设计理念、完善设计方案、指导设计制造等，具有一般工程图纸的作用和价值。第一，就工作对象而言，产品设计手绘表现图的绘制主要服务于产品设计项目，而产品的设计架构离不开工程的具体制造，包括产品的使用方式、分模组装、维修等。依托手绘表现图，达成以上诸多需求的完成，均诉求手绘表现图能起到指导与规范作用。第二，从产品设计手绘表现图的界定而言，其表述形式应是带有说明性质的图纸，而非随性的艺术创作。因此，借助尺规、按照制图标准、采用制图方式等进行表述，是较为常见的形式与技法。尽管为了追求最佳效果，图面明确表示了产品材料的色彩、质感与少许文本的注解，但更多体现的是制图味道。因此，基于产品设计手绘表现图工程性特质的考量，设计者具备和掌握一定程度的产品制图基础，是非常有必要的（如图 1-11 所示）。

1.3.2 艺术性

产品设计手绘表现图的艺术性，是指设计者表述设计理念和传达设计思想所体现的审美表现程度，它区别于一般工程制图的最大特点和优势便是它的艺术属性。而艺术性不但指产品设计手绘表现图应能客观、具体地表述设计理念与设计细节等讯息，还应使这些设计讯息的表述更加生动、直观且富于激情，最大限度地展现设计的精神面貌与蕴含的思想内涵。欲达成艺术表现的目标，设计者仅依托与凭借客观、严谨与科学的制图语言，显然是有些勉为其难，而绘画语言的艺术性就成了可借鉴与应用的资源对象。因此，在产品设计手绘表现图中，艺术性主要表现在通过线条、色彩、光影效果、布局和对比度等因素，表现设计者审美意境所达到的程度。设计者通过对产品设计手绘表现图的艺术属性把握，不但可以富于激情地表述设计，还可以依托艺术的感染力唤起他人更多的联想与体验，而这种更多的收获甚至会超出设计者原本的理念设定，进而实现设计表述更高层面的认知（如图 1-12 所示）。

1.3.3 通识性

基于上述两项特质的阐述，工程性满足了产品设计手绘表现图绘制工作的科学、规范与准确诉求，而艺术性的有机介入则确保了绘制成效的魅力彰显。二者的最终目标是产品设计手绘表现图表述信息的通识性，即经手绘表现图表述的产品设计信息应该是一种通用语言，也是对产品设计手绘表现图表述方式的基本诉求。在设计者与他人之间，这种通用语言应是不存在或较少具有沟通障碍的设计语言，是一种无须太多额外诠释，一目了然的信号。设计者为了实现设计表述语言的通识性，一方面诉求手绘表现图的工程性应兼顾非专业人群的认知，把握一定程度的通俗性；另一方面，在绘制表现图时，艺术表现的介入需掌控一定的尺度，找准激情与科学的契合点。总而言之，通识性原则就是要求产品设计手绘表现图的绘制者应力图兼顾来自各方面的认知信息，以一种大家都读得懂、看得清、认得明的语言来表述设计，提升设计效率（如图 1-13 所示）。

1.4 产品设计手绘表现图的类型

手绘设计表现区别于一般绘画，它有其自身的特点和表现规律，是一种特殊的表达方式。它同一般绘画表现的相同之处在于都具有表达视觉艺术及心灵感受的一面，而特殊之处是它以工程设计本身严谨翔实的数据为依据，准确、清晰地传达设计构想。

手绘表现图按设计阶段的需求不同，可分为手绘表现草图与手绘表现

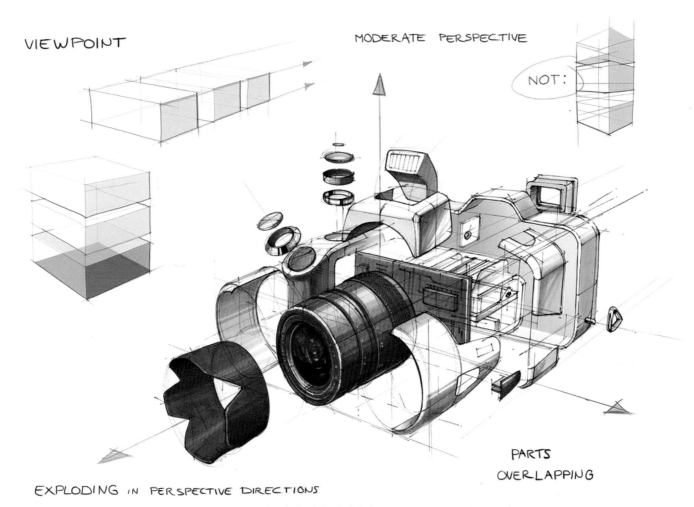

图 1-11　单反相机爆炸图（引自：designsketchskill.com）

图 1-12　概念车

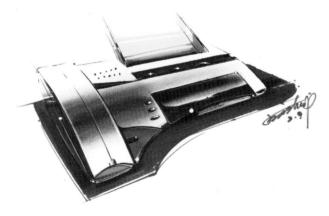

图 1-13　传真机

效果图两种。手绘表现草图比手绘表现效果图更能鲜明地表现出设计方案的构思，但手绘表现效果图比手绘表现草图更直观、更完善。

1.4.1　手绘表现草图

手绘表现草图是尽可能以较短的时间快速呈现产品造型，将生活中稍纵即逝的设计灵感和创意，通过"绘画速写""工程简图""数据图表"等图文并茂的形式予以迅捷表述。所以，手绘表现草图多侧重于瞬时设计概念的记录与传示，以便于设计者创造性、发散性设计思维的有效展开以及思维与物象间的高效互动。

手绘表现草图以表达构思和意图、启发设计、提供交流、研讨方案为目的。由于手绘表现草图所要表述的目的不同，所以其表述的侧重点会有差异。有的手绘表现草图的表述重点是记录构思，表达设计概念（如图 1-14所示）；有的手绘表现草图的表述重点是进行形态的推敲斟酌，偏重于思考过程，利用画面形象进行辅助思考，便于推进形态的再构思，使其方案进一步完善（如图 1-15 所示）；有的手绘表现草图偏重于对产品的功能和结构进行解构分析，为了使表述清晰翔实，经常会单独列出产品需强调的功能或结构进行绘制说明（如图 1-16 所示）。

1.4.2　手绘表现效果图

手绘表现效果图处于设计已经比较成熟和完善的阶段，对表现技巧要求很高。其目的是通过形态、构造、色彩和质感对设计的内容做较为全面、细致的表现，以达到产品接近真实的效果，准确地让观者直观了解到产品

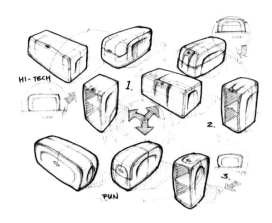

图 1-14　手绘表现草图 1　刘传凯

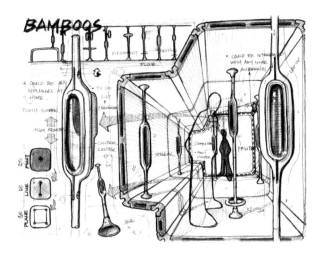

图 1-15　手绘表现草图 2　刘传凯

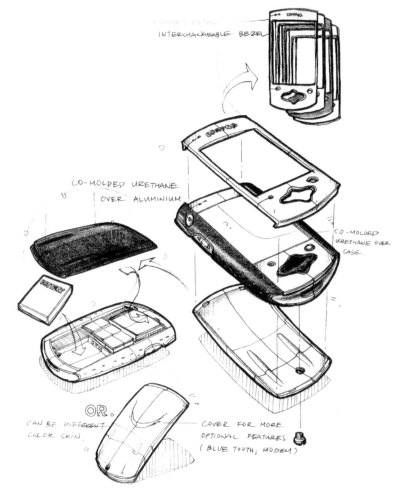

图 1-16　手绘表现草图 3　刘传凯

的各种特性，忠实地表现产品的完整造型、结构、色彩和材质。再加上手绘的表现技巧和方法带有纯天然的艺术气质，在设计理性与艺术自由之间对艺术美的表现有着独特的魅力，从视觉的感受上，建立起设计者与观者之间的媒介，使他们能够进行正确的沟通和判断（如图 1-17 所示）。长久以来，手绘表现效果图一直作为产品设计表述的一个重要的功能存在。在计算机技术高度普及的今天，此功能已经逐步被电脑表现剥离，设计师们更多的是将手绘表现图作为一种注解，以配合电脑效果图呈现更为完整的和更为艺术化的产品形态。

小节：正确理解设计表述的学理，了解产品设计手绘表现图的内涵和特质，是建立学习产品设计手绘表现图正确认识观与方法论的必要条件与重要基础。而掌握产品设计手绘表现图的类型，则是具体的学习目标。一幅优秀的、有品质的产品设计手绘表现图，设计者需要经过长期的钻研与积累才能完成。

习　题

1. 了解、掌握产品设计手绘表现图的基本理论知识。

2. 学习、赏析多种风格的优秀产品设计手绘表现图。

3. 针对具体案例，阐述产品设计手绘表现图的类型。

图 1-17　手绘表现效果图　清水吉治 [日本]

第 2 章 以何表述——工具篇

教学目标：认识和了解产品设计手绘表现图的常用工具和材料，熟悉各种材料的表现属性和表现效果，为绘制表现图作充分的前期准备

教学重点：理解与掌握各类工具和材料的使用方式，以及它们的表现特性

教学难点：图文并茂地剖析各类工具的适用对象和使用方式

教学手段：PPT 课件讲授

考核办法：随堂提问

手绘表现的种类很多，从基础练习到成品表现的学习过程中，我们能接触到多种多样的工具和辅助材料。表现图的不同表现形式和手法对工具及材料也会有不同的要求，设计者在对工具和材料进行一定的了解和认识后，可根据自己的喜好、习惯和需求合理地选择工具和材料。

根据绘制工作的不同需求，产品设计手绘表现图的工具可分为三大类：一是画线类，二是着色类，三是辅助类。

2.1 画线类工具

一般情况下，画线笔大多应用在产品设计手绘表现图的起稿和草图创意阶段，主要用于对产品造型的勾勒、设计结构的表达和材质肌理的表现等方面。由画线笔完成的表现图一般称为线稿。

常用于画线的笔可分为三类：一是绘画类，二是制图类，三是办公类。

其中，绘画类画线笔包括铅笔、彩色铅笔、水溶性铅笔、美工笔等，使用方法主要是借鉴传统绘画中的一些表现技法，具有一定的绘画性，其绘制效果的艺术表现力较强，有着独特的艺术魅力（如图2-1、图2-2所示）。

制图类画线笔包括针管笔、鸭嘴笔等，在工程制图中常用到，需要配合尺规等辅助工具，其绘制效果呈现出理性和工程性，有着特有的专业魅力（如图2-3、图2-4所示）。

办公类画线笔包括中性笔、圆珠笔、记号笔等，优点在于方便，可以在生活中随时随地记录设计灵感，表现手法上比较灵活多样（如图2-5所示）。

从上面所列的笔的类别可以看出，其实一切工具只要能画出线都可以

图 2-1　铅笔

图 2-2　水溶性黑色彩铅

图 2-3　针管笔

图 2-4　鸭嘴笔

图 2-5　中性笔

作为画线笔，例如粉笔、蜡笔、油画棒等，只是不常用。我们可以根据个人兴趣爱好选购这些特殊的画具进行尝试性表现。在设计表现中最常见的是彩铅、中性笔和圆珠笔。

彩铅在手绘表现中有很重要的作用，无论是对于概念勾勒、草图绘制还是对于成品表现，它都不失为一种既操作简便而又效果突出的实用画具。彩铅可以更为轻松地调节线条的强弱，其容错率高，易出效果，对初学者很友善，能够让初学者体验到手绘线条的乐趣。设计者使用彩铅起稿时，一般都会选择黑色，但也有选择棕色系或者蓝色系的。

中性笔和圆珠笔，使用方便且价格低廉，因此得到广泛使用。但它们线条较细，容错率低。同时，中性笔易出现断痕和积墨，圆珠笔易出现其所特有的油墨堆积现象。因此，初学者需要经过一段时间的练习才能够掌握使用技巧。

2.2　着色类工具

着色类工具不像画线类工具那样只能绘制出表述产品的单色线稿，其优势在于赋色，可以表达产品更多、更具体的色彩关系、材质属性及情感因素等。完成的表现图一般称为色稿。

这里，我们将可用于着色的工具分为两大类：一是自供类，二是蘸取类。

自供类是指自身具有（或存有）一定色彩的工具，马克笔（油性、水性）、彩色铅笔、水溶性彩铅、色粉笔、彩色中性笔等都属于这一类（如图 2-6、图 2-7、图 2-8 所示）。自供类着色工具在使用和携带上都很方便，并且色彩丰富，表现力较强，所以在快速表现上占有很大的优势。马克笔

是各类专业手绘表现中最常用的画具之一，其优点是方便、快干，可提高绘制效率。购买时，设计者根据个人情况最好储备 20 支以上，并以灰色调为首选，最好备冷暖两套灰色系列，不用选择过多艳丽的颜色，因在初期的手绘练习中，较为常用的是灰色系列的马克笔。在马克笔品牌的选择上，使用者可根据经济条件和手绘水平进行合理购买，后期再逐步更换升级。

蘸取类是指需要颜料供给色彩才能完成着色的工具，主要包括水粉、水彩、透明水色等（如图 2-9 所示）。蘸取类着色工具能够完成色彩因素相对细腻的效果图绘制。在实际绘制过程中，着色工具的使用其实没有很严格的界限。设计者为了设计效果的需要以及个人的习惯和喜好，经常是多种工具综合着使用。

通过上述的分析我们可以看出，在这两类工具的选择和使用上好像很无原则性，完全可以根据自己的喜好和习惯来决定。但这也恰恰说明了设计是瞬间的灵感，它是随时随地、随想随感而发生的，而工具的任

图 2-6　马克笔

图 2-7　水溶性彩铅

图 2-8　色粉笔　　　　　　图 2-9　水粉　　　　　　图 2-10　曲线板　　　　　图 2-11　蛇形尺

务与职能就是协助设计者将这种灵感进行视觉化的转换。当然，合适、恰当地选择和使用工具，会对提升绘制的速度和增色表述的效果有很大的帮助。

2.3　辅助类工具

　　虽然手绘大都以徒手形式为根本，但在训练和表现过程中也时常需要一些尺规的辅助，以使画面中的透视和形体更加准确。而且，尺规的辅助有时也可以在一定程度上提高工作效率。常用的工具有曲线板（如图2-10所示），蛇形尺（如图2-11所示），比例尺（如图2-12所示），模板（如图2-13所示），界尺（如图2-14所示），直尺、三角板、量角器、圆规等（如图2-15所示）。

图 2-12　比例尺

图 2-13　模板

图 2-14　界尺

图 2-15　直尺、三角板、量角器、
　　　　圆规等工具

图 2-16　马克笔专用纸

不同于艺术绘画与工程制图有着较为严格的工具指向与分类标准，产品设计手绘表现图的绘制工具选用可谓是物尽其用、不拘一格。除了上述的主要绘制工具外，还有其他一些常用且行之有效的辅助工具，其构成及用途如下：

1. 高光笔，主要用于绘制、点缀高光，也可用修改液、白色水粉颜料替代。

2. 橡皮，主要用于色粉技法、铅笔技法中的结构提亮和局部修改。

3. 水溶胶带、遮挡纸、便利贴，是辅助创建特定区域效果的常见工具。

4. 爽身粉，主要用于色粉绘制时进行调和。

5. 定画液，主要用于防止色粉、彩铅技法的色彩脱落。

2.4　纸张

纸张作为产品设计手绘表现图的绘制界面，它的选择与表现图的类别、用途以及所使用的工具、材料是密切相关的。一般市面上的各类纸都可以使用，但忌使用太薄、太软的纸张。设计者在使用时通常根据自己的需要而定。选用适合的纸张会提高绘制的速度，会使画面的表现力与感染力得到有效增强。因此，在纸张的选用上，设计者要依据设计表述的目的、选用的工具及达到的画面效果预期来确定。

在需要快速记录或表现时，我们通常会选用复印纸、速写纸、素描纸，甚至还可以用信纸、稿纸、便笺等；在需要精确表现时，我们可选用马克笔专用纸（如图 2-16 所示）、水彩纸（用于绘制"水彩技法"表现图等）等专业性较强的纸张。我们在手绘表现的初期练习阶段，最常用的纸是 A4 和 A3 大小的普通复印纸，综合性价比最高。

由于手绘表现图具有很强的主观性，呈现出不同的表现风格和艺术效果，因此其绘制工具和材料的选用大多是由设计者通过实践的经验总结和个人喜好习惯决定。可见，工具的类型和用途会因人而异，因个案而异。随着相关技术的发展和设计认知的深入，手绘表现图表述工具的类别和用途也在不断发生变化。但是，无论表述工具如何改变，设计表述的目的和职责是不会变的，改变的只是设计表述的形式而已。

小节：合适、完备的绘图工具和材料的选用，对产品设计手绘表现图效果的呈现至关重要。在一定程度上，工具的优与劣决定着设计表述效应的达成效果，对设计思维的拓展与完善也具有重要的意义。但是画好一张完美的产品效果图并不是设计者们要达到的最终目的，利用工具和材料的辅助，学会产品设计创意表达才是我们要掌握的真正技能。

习　题

1. 了解、掌握产品设计手绘表现图的常用工具和材料。

2. 准备相关的绘制工具和材料。

第 3 章　以何表述——基础篇

教学目标：通过对产品设计手绘表现图绘制所必需的基础知识的讲解，阐释与说明这些基础知识与产品设计手绘表现图绘制的密切关系

教学重点：阐释与剖析专业基础知识与产品设计手绘表现图绘制的密切关系

教学难点：构建产品设计手绘表现图绘制与相关基础知识的逻辑关系

教学手段：PPT 课件讲授

考核办法：随堂提问

绘制产品设计手绘表现图除了需要准备工具和材料外，还需要相关的学理与实践知识作为绘制工作的依托基础。正如第一章设计表述的认知篇所述，产品设计手绘表现图的绘制与绘画、设计存在着千丝万缕的联系，设计者正确地认知上述学科及其专业领域的相关知识，掌握其与产品设计手绘表现图绘制的逻辑关系，对于手绘表现图的绘制工作将起到重要的推动作用。

作为以手绘方式完成的产品设计表现图，绘画造型艺术的认知与掌握是设计者首先要解决的基础问题，目的在于绘制表现图的造型与设计审美能力的达成。

3.1 透视学

当我们需要把一个新产品的构想以手绘表现图的形式进行视觉呈现时，即要在二维的图纸上表现三维实体，且具有真实感、空间感和立体感，就必须懂得透视学及其规律，并能运用有关方法绘制出合理、准确的透视图。

所谓透视，就是透过一个假设的透明平面去观察三维实体，并用笔准确地将其绘制在二维平面上，平面上所形成的图像称为透视图。我们将研究绘制透视图的规律及方法的科学理论称为透视学（如图3-1、图3-2所示）。

由上，我们可看出，要构成透视关系需有三要素：眼睛、物体和平面。这个平面就如照相机的取景框，是物象得以显现的媒介。

在产品设计手绘表现图的绘制过程中，设计者只有掌握了透视的基本原理，才可以快速而准确地完成透视图。设计透视的基本规律有以下几点：

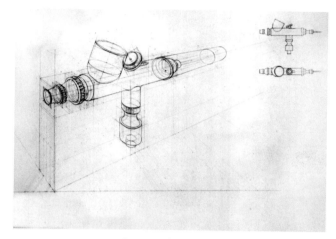

图 3-1　喷笔透视图

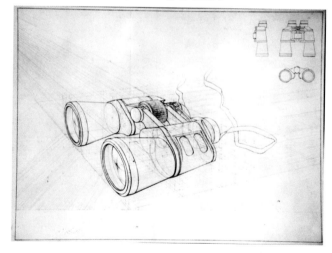

图 3-2　望远镜透视图

1. 同样高的物体近高远低。

2. 同样大小的物体近大远小。

3. 同样间距的物体近疏远密、近宽远窄。

4. 凡是与画面平行的直线，透视也和原直线平行。

5. 凡是与画面相交的平行线透视延长后消失于灭点（如图 3-3、图 3-4 所示）。

由于观察物体的角度不同，物体的长、宽、高三组主要方向的边界线，有的与画面平行，有的与画面相交。在表现图绘制时，通常有三种不同的透视图形式，即一点透视（平行透视）、两点透视（成角透视）和三点透视（倾斜透视）。

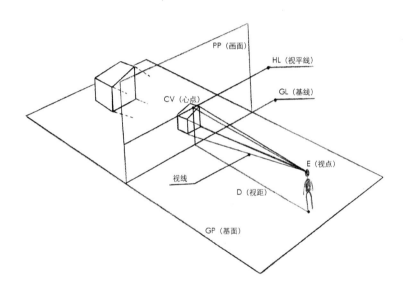

图 3-3 透视的基本规律 1

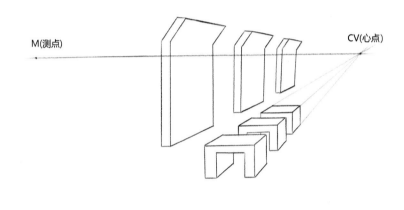

图 3-4 透视的基本规律 2

3.1.1 一点透视

一点透视是指当物体的一个面正对着我们，没有任何角度，边界均平行于画面，另一组垂直于画面的平行线消失于一个灭点。由于这种透视图表现的物体有一个面是平行于画面的，故也称为平行透视。这种类型的透视图最容易构建，但不如两点透视和三点透视那样有动感。在产品设计手绘表现图中多用于表现主体面比较复杂而其他立面较简单的产品，也多用于表现汽车的正侧面（如图 3-5—图 3-9 所示）。

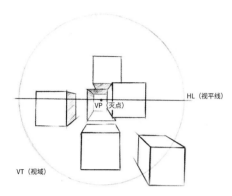

图 3-5　一点透视 1

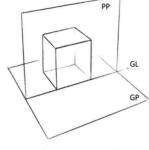

图 3-6　一点透视 2

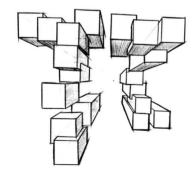

图 3-7　一点透视 3

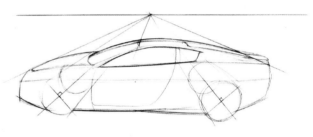

图 3-8　一点透视 4

图 3-9　一点透视 5

3.1.2　两点透视

　　两点透视是指当一个物体斜放在我们面前，只有一组平行线（通常为高度）与画面平行时，其他的两组平行边界各向两边延伸，其延长线分别消失在视平线上的两个灭点。由于这种透视图表现的物体的面均与画面构成一定的角度，故也称为成角透视。两点透视能较全面地反映物体及多个面的信息，而且构图灵活、多样，画面也更为生动、富于表现力，是产品设计手绘表现图中应用较多的透视图类型。由于两点透视处理关系较多，结构较复杂，它的绘制要比一点透视难度大，不易把控和快速掌握，故设计者需要先对透视原理有一定程度的认知与理解，并有一定量的实践练习为基础（如图 3-10—图 3-13 所示）。

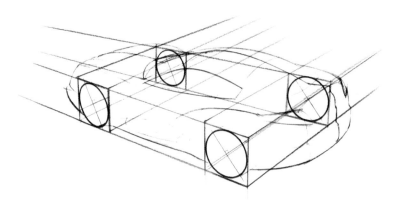

图 3-12　两点透视 3

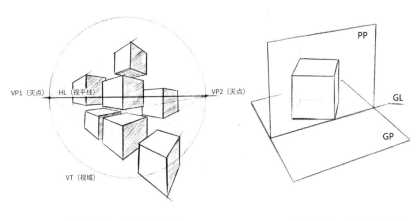

图 3-10　两点透视 1　　　　图 3-11　两点透视 2

图 3-13　两点透视 4

3.1.3 三点透视

　　三点透视是指当物体的三组平行线均不与画面平行，且平行边界分别向三边延伸，消失于三个不同方向的灭点。由于这种透视图表现的物体的面均与画面倾斜成一定角度，故也称为倾斜透视。三点透视作图步骤较繁复，涉及的透视因素相较一点透视、两点透视要更多，夸张的画面效果在产品表现上容易有失真感以及对产品体量的错感，故在产品设计表现图实践中应用较少，常用于建筑设计表现图的绘制中（如图3-14—图3-17所示）。

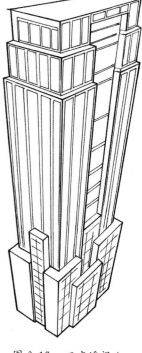

图 3-17　三点透视 4

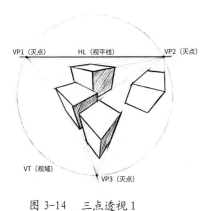

图 3-14　三点透视 1

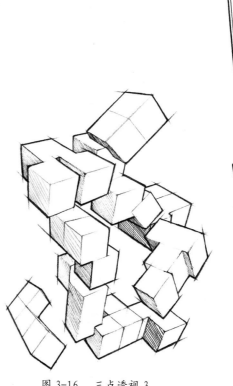

图 3-15　三点透视 2

图 3-16　三点透视 3

3.2　设计素描

　　设计素描是深入艺术设计之前必修的基础，并不是简单再现客观物体，它是以透视规律、比例尺度、三维空间观念等为基石，以设计思维为导向的一种表述方式。设计素描是培养设计师形象思维和表述能力的有效方法，是认识形态、创新形态的重要途径。

　　设计素描实际上是将基础素描作了简化和概括处理，以达到更快捷、更明确地表述物体的目的。设计素描的特点是以线条为主要表现手段，以理解和表达物体自身的结构本质为目的，不过分强调明暗，淡化光影变化，而强调突出物体的结构特征。这种表述方式相对比较理性、严谨（如图 3-18 所示）。

　　设计素描的学习对产品设计手绘表现图的绘制具有如下的意义：

3.2.1　能够提高设计者对于形体的认知

　　设计素描的观察方法、形体理解及描绘方式，有助于我们构建较全面的形态造型认识观。设计素描对于形体的描绘，应是对形体结构的理解和表达，而不只是客观可见的外在表象。产品设计手绘表现图对于物象的描绘应是一个全面而综合的表述，是一个将设计构想不断梳理、推敲与完善的过程，更是对物象信息的全面展现和阐释。因此，通过对设计素描的学习和实践，设计者能够构建全面的设计表述认知。

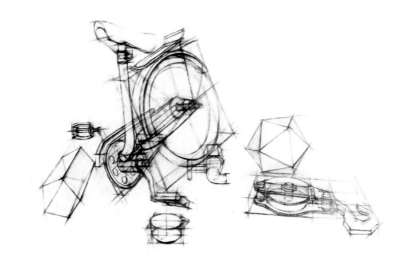

图 3-18　设计素描 —— 静物

3.2.2　有助于提升设计者的造型能力

　　手绘表现图的设计构想是否能准确、快速地传示，要看设计者是否具有扎实的造型能力。通过设计素描的学习和实践，设计者能够在观察能力、手眼协调等造型能力上获得提升，为准确、快速地构建形象提供必备的基础与实践的可能。

3.2.3 有助于设计者空间感的构建

空间感的构建对于产品设计者来说至关重要，是设计构想的视觉化展现具有三维真实感与可信感的前提，是设计构想得以交流和沟通的基础与条件。设计素描对于形体的建立主要是通过富于空间诉求的线条和对透视规律的合理运用予以达成，包括控制线条粗细、轻重变化及虚实处理等。通过设计素描的学习和实践，设计者可透彻地理解物体整体与局部的空间关系，把握形体构建的方式和方法，以获取该物体相对准确的三维空间感。

3.3 设计色彩

从色彩学中我们得知，色彩是因为光的照射而产生的一种视觉效应，光线是其发生的因，色彩是其感知的果。基于设计学科的专业认知，设计色彩解决的是如何以设计的视角和认识，理解与应用色彩的问题。设计色彩不以描绘物体的客观色彩状态为目的，通过对色彩的本质、规律和情感的理解，强化我们对色彩的主观表现和理性的设计意识。在产品设计领域，色彩作为产品形象的重要组成元素，具有决定性的地位和无可替代的重要性。因此，设计者在开展产品设计工作前，要建立科学、理性的色彩观念，理解相关的色彩知识以及合理运用色彩的规律，为准确地表述产品奠定基础（如图3-19、图3-20所示）。

图 3-19 设计色彩 —— 楼宇

图 3-20 设计色彩 —— 风景

在产品设计手绘表现图中，色彩的认知与运用应把握如下一些原则：

3.3.1　设计色彩的功能性原则

准确、全面地表述设计思想和传达产品信息是产品设计手绘表现图的主要职能，而色彩便是其要传达的重要信息之一。因此，在具体的色彩表述时，设计者应深入了解色彩的属性，充分尊重产品预期的固有色及材料的质感，降低主观因素对色彩表述的干扰，避免因色彩信息传达噪音过多而造成观者对产品固有色的错误感知。

3.3.2　设计色彩的艺术性原则

在尊重产品固有色的前提下，设计者一般会运用色彩对比及色彩的搭配原则，达到突出产品主体形象的目的和效果。设计者通过一定的色彩艺术渲染，达到烘托气氛的目的，加强了设计概念的准确传达。因此，产品设计表现图的画面层次丰富，具有可观性和艺术性。

3.3.3　设计色彩的概括性原则

在产品设计概念的视觉化过程中，手绘表现图以表达设计创意为目的，重在记录和表现设计的构想。因此，为了高效、快捷地完成手绘表现图，在绘制过程中，设计者常对产品非主要表述内容采用少赋色，甚至留白的方式。换言之，这种概括的手法重在准确、快速地传达设计构想，不过度追求画面的客观真实性和完整性，在满足绘制效率的同时，通过色彩的虚实处理，可使画面的主次关系明确。

3.4　"质"的因素

设计者在绘制产品设计手绘表现图时，既要先了解各种常见材料及表面处理工艺的视觉质感特征，还要掌握通过手绘表现这些特征的技巧和方法，这样才能使构想的物体的质感信息得到快速、准确的表述，故"质"的因素表述便构成了手绘表现图以何表述的重要内容之一。对于手绘表现图构想的设计材料，主要是依托不同的表现工具、绘制笔法、上色等手段描绘物体所用的材料质感，模拟不同材料的质地给人不同的视觉感受，以及相同材料经不同工艺处理形成的差异面貌，以实现客观、真实传达构想的设计信息之目的。需要说明的是，对于绘制工作"质"的把握，带有很强的经验成分。设计者要学会在设计工作之余，观察与总结不同材料与表面处理工艺"质"的表述方式，使这种"质"的表述成为富于设计者个性的语言。同时，前期的设计素描、设计色彩的学习和实践也是提高"质"的表述能力的重要前提。

　　根据产品设计中的常见材料与表面处理工艺，"质"的因素表述可大致分为如下类别：

　　1. 透光也反光材料。这类材料主要包括玻璃、透明塑料、水晶等。它们均具有反射、折射光线的特点，以透光为主要特征，光影变化异常丰富。设计者在刻画上，用笔要轻松、准确，有时也可依托"背景"，做明暗关系的处理（如图 3-21、如图 3-22 所示）。

　　2. 透光而不反光材料。这类材料如磨砂玻璃、磨砂塑料等。设计者表现时，应首先将这类材料的里外形象均大致绘出，呈现出透明状态，然后再刻画表面材质，降低透明度。应突出柔和、朦胧的视觉感受，切忌把高

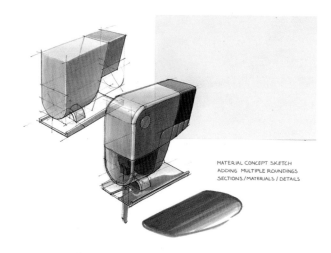

图 3-22　磨砂塑料（引自：designsketchskill.com）

图 3-21　玻璃

光和反光部分描绘得过于清晰。

　　3. 不透光但反光材料。这类材料在产品设计中运用较多，如金属、塑料、皮革等。

　　（1）金属。这类材料主要包括亚光和电镀两种。亚光的金属对外界的反射较弱，但是电镀的金属材质对外界的反射效果非常强烈。电镀的金属材质最明显的特点是高反光，调子反差强，环境色介入较多，多用冷色系表现固有色，最亮的高光可用纯白颜料绘制或通过留白的方式实现（如图 3-23 所示）。

　　（2）塑料。塑料属于半反光材料，不像金属那样明暗反差特别强。亚光塑料调子对比弱，没有反光笔触，高光少而且亮度低。塑胶材料与亚

光塑料效果一样，调子对比弱，过度均匀。而光泽塑料则和喷漆效果一样，有一定的反光笔触，且有明显的高光，表现用色以固有色为主，辅以部分冷暖变化（如图 3-24 所示）。

（3）皮革。皮革的表述，一般调子反差较弱，重在色调的明暗变化，不宜产生明显高光，多采用渲染的表述方式，重点是肌理、纹样的描绘。

图 3-23　金属

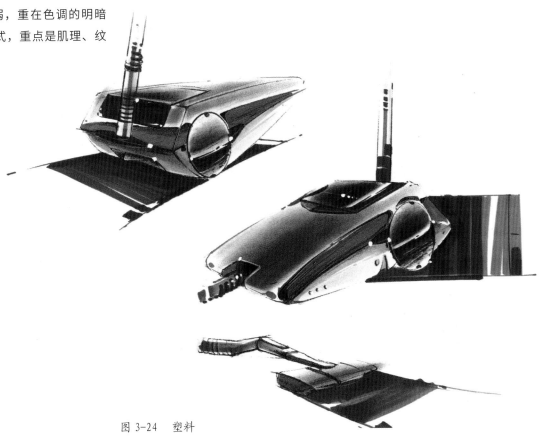

图 3-24　塑料

（4）不透光也不反光材料。这类材料包括未加工的木材、纺织物等，表面不反光，高光弱。设计者在表述时，主要突出肌理、形状的描绘。一般在绘画木材时先平涂木彩色，再画木纹线条（如图 3-25 所示）。

图 3-25　木纹

小节：本章节内容的价值与意义在于，提供产品设计手绘表现图必要的绘画理论及实践基础知识，满足产品表述工作对于科学、理性及情感的诉求，为合理表述奠定坚实的基石。

习　　题

1. 采用一点透视，绘制三张家电产品设计手绘表现图。

2. 采用两点透视，绘制三张家电产品设计手绘表现图。

第 4 章　如何表述——方法篇

教学目标：通过对产品设计手绘表现图表述的四大板块——线条、结构透视、光源与明暗关系、着色等内容的讲解与剖析，旨在达成与建立相对科学、正确的表述方法论

教学重点：结合实际案例讲解与论证，掌握设计手绘表现图的方法、线稿绘制的相关事项与绘制着色的原则

教学难点：深刻理解与掌握线稿绘制的相关事项与绘制着色的原则

教学手段：PPT 课件讲授 + 案例演示

考核办法：随堂提问 + 案例绘制

作为一项具体的设计实践活动，相关的表述理论使产品设计手绘表现图的绘制达到了有章可循，而与表述理论相契合的实践方法论则提供了绘制工作应采取的方式与策略，使其有法可依。由于产品设计手绘表现图的绘制颇具经验成分，又同设计、绘画与工程存在着千丝万缕的联系，因此，其绘制方法论便具有了一定意义上的开放性、拓展性与时效性，是一个因人而异、动态发展的体系。具体的方式与举措如下：

4.1 线条

在表述前期线稿阶段，设计者需借助线条对产品的结构、透视、比例等因素进行塑造。线条的粗细、轻重和力度调节能够强化画面表现空间的深度感和透视感，可以更加准确地对产品形态进行表现，并且增强表现的艺术感。

线条具有情感的表述和传示的属性，传达出的气质能影响画面给人带来的感受。比如，直线具有明确、坚硬、干脆、锋利等硬朗的感觉；曲线具有柔软、流畅、优雅、自由等纤弱的感觉；而用尺规绘制的直线和几何曲线则给人以精确的秩序感。线条的粗细把握也影响着线条给人的直观感受。比如，较粗的直线让人感受到厚重的力量感，较细的直线让人感受到精致细腻的纤弱感。

所以，我们在绘制产品设计手绘表现图时，可根据所表述产品的需要进行线条的运用。例如，在绘制越野车时，要表现其机械、厚重的力量感，线条需要较粗重和偏硬朗的直线（如图 4-1 所示）；而绘制跑车时，要表现其轻盈、流畅的速度感，线条不能太粗重，多用偏流畅、自由的曲线（如图 4-2 所示）。

由上可知，线条在表现形式上的多样性会给人传达不同的感受。同样，设计者在选择不同的工具和材料进行线条的表现时，画面效果的差异性也会给人带来不一样的视觉体验。

中性笔速写草图线条更多的是借鉴白描的技法，加入素描中的结构、光影、质感表现等因素，作品中除了有塑造形体的轮廓线，还有一些表现

图 4-1　越野车

图 4-2　跑车

透视关系、形体结构、质感塑造等效果的线条，但这些线条的量不宜多，切忌喧宾夺主。此种表现草图的线条富于韵律、活跃，避免画面刻板和生硬的感觉（如图 4-3 所示）。

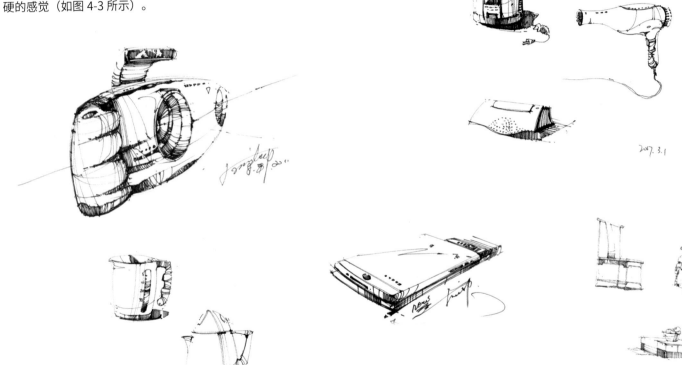

图 4-3　中性笔速写草图线稿

彩铅手绘多用黑色彩铅绘制，主要借鉴素描的方式。对于草图的绘制，方式和方法是多种多样的，不必拘泥于对错或执着于某种固定表现形式，其重点是能够快速、准确、有效地传达设计思想。对于手绘草图，设计思想"从无到有"的记录和传达才是第一位的，至于采用何种表现方式，选用何种表现工具和材料是因人而异、因需求而异的（如图4-4所示）。

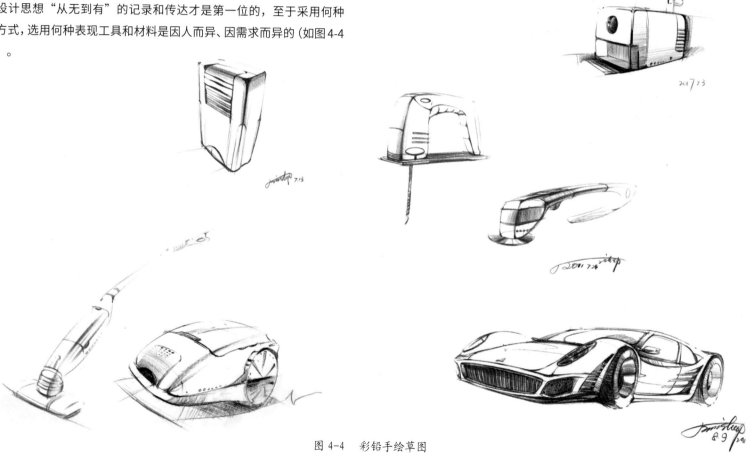

图 4-4 彩铅手绘草图

4.1.1　轮廓线

　　轮廓线是指因形体之间存在前后空间关系，光在其边缘处形成不同的折射而产生的空间分界线（如图 4-5 所示）。

　　在绘制设计对象物的轮廓线时，设计者通常会利用较粗的线条来使物体的整体形态更加醒目（如图 4-6 所示），若多个形体出现叠加构图时，通过加粗和强调主要对象物的轮廓线可以明确表现出画面的空间感和层次感（如图 4-7 所示）。在设计过程中，设计者常利用轮廓线这一特性对产品多种形态进行手绘推演和变形，便于从中挖掘出优秀的设计创意。

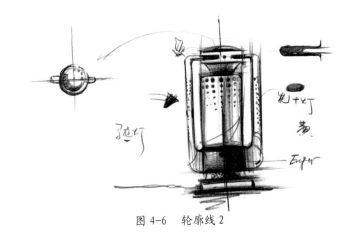

图 4-6　轮廓线 2

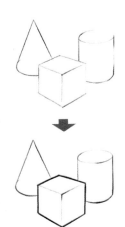

图 4-5　轮廓线 1

图 4-7　轮廓线 3

4.1.2 结构线

结构线是指产品面与面之间发生转折变化形成的形体转折分界线。这种转折与形体变化关系真实存在（如图 4-8 所示）。结构线能够让设计对象的立体特点一目了然，这对于从立体的角度理解和创建形态来说非常重要。在线条的表现上，结构线要绘制得比设计对象物的轮廓线浅一些。如果结构线表现的力度比其轮廓线强烈，画面的效果就会因线条凌乱而缺乏整体感知。根据透视规律，设计者轻轻绘制出结构线，会使画面效果具有层次感（如图 4-9 所示）。

在工业产品的结构线中还有一种特殊的线条——渐消线，它是形体由尖锐结构过渡到顺滑曲面而逐渐消失的结构线。车体的腰线设计就常采用渐消线的方式处理（如图 4-10 所示）。

图 4-9　结构线 2

图 4-8　结构线 1

图 4-10　渐消线

4.1.3　分模线

在进行设计手绘表现时，设计者只有对产品的制作过程有一个准确的认识，才能够理解产品所具有的形态特点，从而对产品进行合理的手绘表现。分模线是指因工业产品生产拆件的需要，壳料之间拼接所产生的缝隙线（如图 4-11 所示）。通俗来讲，分模线就是两个组件之间的分界线，有助于产品成型、组装或维修。在这种状况下，分模线往往具有轮廓线的特征，这对设计手绘表现是很重要的。设计者可以借助于分模线表现出独特的轮廓，进而强调出设计的特点，有助于观者了解产品各组件之间的关系（如图 4-12、图 4-13、图 4-14 所示）。

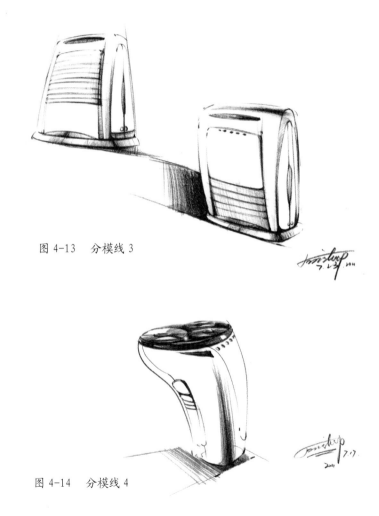

图 4-13　分模线 3

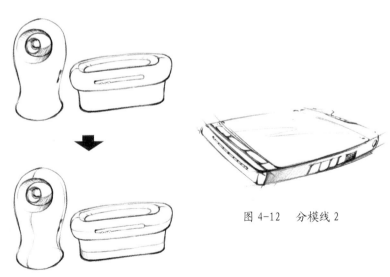

图 4-12　分模线 2

图 4-11　分模线 1

图 4-14　分模线 4

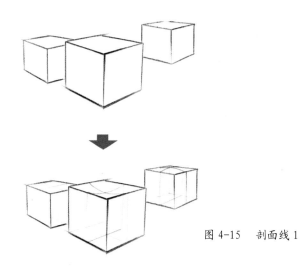

图 4-15　剖面线 1

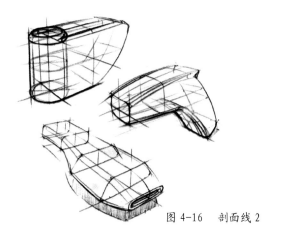

图 4-16　剖面线 2

4.1.4　剖面线

剖面线是指为了更详细、准确地表述产品形态和结构的起伏变化，假设将物体沿某一轴线切开而形成的断面轮廓线（如图 4-15 所示）。剖面线在产品形态表面其实并不存在，是工业产品设计手绘中经常用到的一种特殊的表现线条。在工业产品设计手绘表现图绘制中，产品的形态、结构等因素都是由线条来完成，只单纯地凭借分模线和结构线对一些较复杂的造型很难准确表达，需要借助剖面线来补充说明产品形态的转折变化，并且可以使设计对象物更具立体感（如图 4-16 所示）。

在绘制剖面线时，设计者要尽量轻，柔和地移动画笔，避免破坏整体感。设计者有效地使用剖面线，能够将设计对象变形为新的形态，得到全新的效果。设计者多练习通过剖面线创建全新的形态，对三维形体的理解会有很大的帮助（如图 4-17 所示）。

图 4-17　剖面线 3

4.2　结构透视

设计者所画的手绘表现图往往都是具有一定目的性的，如手绘表现草图大都是用来与其他人沟通设计方案的。

在创意构思阶段，设计者会将设计对象物的造型进行区分并梳理，选出手绘表现草图中需要着重强调的亮点。在创意构思之后的概念设计阶段，设计对象物的造型、结构、色彩和材质等信息都需要清晰、明确地表现出来，以便大家进行沟通交流。所以，设计者在绘制表现图时，要选择一个"信息传达含量最高"的角度，并且还要使用相关辅助线来加强结构关系，以达到产品效果的合理呈现（如图 4-18 所示）。

在设计表述过程中，设计者通常会将各种绘图方法综合起来运用，但理解产品的结构透视才是开始学习分析造型、绘制表现草图时最简单、最直接的方法。

图 4-18　结构透视

4.2.1　立方体

产品形态是千变万化的，我们先以立方体为开始（如图 4-19、图 4-20 所示）。

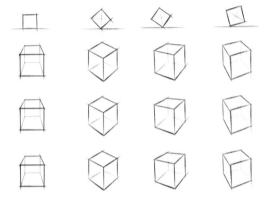

图 4-19　立方体透视 1

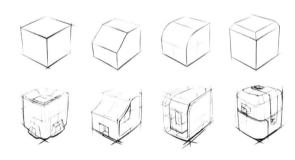

图 4-20　立方体透视 2

设计者在对组件较多、结构较复杂的产品进行绘制表现时，要掌握如何准确无误地表现出产品的比例关系。设计者需要对表现形态的比例关系具有敏锐的感知能力，以及对表现形态的比例关系具有准确的控制能力。下面，我们依据透视规律，由简至繁，先从立方体开始，按比例进行延展与分割练习，以此来提升我们对形态的感知能力和控制能力。

4.2.1.1　立方体的比例延展

在立方体比例延展的练习中，我们通常把视平线设定高于对象物，以两点透视的角度进行延展表现。在两点透视中，垂直的线条因空间位置的不同而发生近大远小的透视变化。因此，我们进行纵向的形态延展时，通常以垂直线条的长度为参考。实际上，产品的设计形态往往不只是一个方向的延展，所以设计者在练习中需要进行横向和纵向的形态综合延展训练，才能不断提高产品形态延展的绘制能力（如图 4-21 所示）。

设计者在进行比例延展的练习中，也要依据透视原理将被遮挡住的结构线绘制出来，这样能够随时调整形态的透视角度与延展比例，验证透视的准确性及合理性。设计者在绘制形态的大轮廓阶段，用笔尽量要轻，待大的透视比例关系准确后再逐步肯定和加强线条的力度，最后依据透视规律在对象物上添加小组件或切割小结构。在绘制的过程中，会产生一些看似多余的"杂线"，不要急着擦除，保留下来可增强画面的绘画艺术性（如图 4-22、图 4-23 所示）。

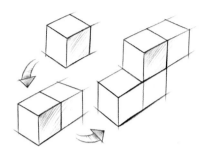

图 4-21　比例延展 1

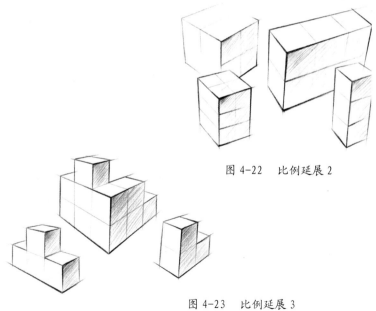

图 4-22　比例延展 2

图 4-23　比例延展 3

4.2.1.2　立方体的比例分割

　　对立方体进行比例分割练习，能够提升设计者对产品形态比例关系的感知力及控制力。设计者为了准确地绘制出立方体的比例关系，通常会依据透视规律，对该立方体的边进行等比分割，并随时调整各条边的比例以确保透视关系的准确合理。初学者一般很难准确地把握形态的比例和透视关系，需要多尝试这样的比例分割练习，从而较快地熟悉和掌握各种形态的变化，提升自己对形态比例关系的敏感度和刻画产品细节的能力，为产品构思的视觉化塑形奠定夯实的基础（如图 4-24、图 4-25 所示）。

　　在进行比例分割的过程中，如果绘制出的透视图给人以不舒适感，可能是结构线的透视不够精准或出现错误，导致我们想绘制的对象物无法得到准确表现，形态比例关系显得混乱；也有可能是在线条的粗细、轻重的表现上出现了层次的不明确，导致主次关系的错位，使画面显得凌乱。设计者准确、有效地使用线条，有利于按照更加清晰的比例关系对形态进行合理分割和表现。按照前面所提的注意事项，设计者以正确的方法进行反复练习，有助于三维空间构想表达能力的提升（如图 4-26 所示）。

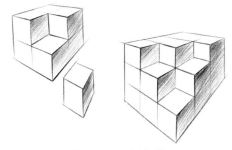

图 4-24　比例分割 1

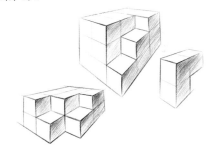

图 4-25　比例分割 2

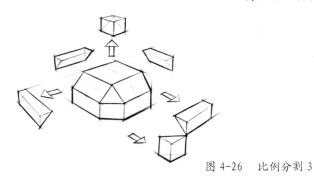

图 4-26　比例分割 3

4.2.2 三视图

三视图是指观者从三个不同角度观察同一对象物而画出的图形。其中一个视图只能反映对象物的一个角度的形状，即使选择信息含量表现最多的透视图，也不能完整反映出对象物的结构形状。设计者运用正视图、侧视图及顶视图作为辅助，基本能完整地表达对象物的形态特征，有助于清晰且全面地了解对象物所具有的相关特点。在设计表述中，常用三视图的

抽象表达方式结合透视图的具象表现方法。设计者在绘制透视图前，首先要分析对象物的形态特征，然后选择合适的视点与信息含量最多的透视角度进行绘制，表述既直观又易于理解，但依然会有信息传达盲区。设计者在绘制三视图前，也要先对形态特征进行解析，然后对不同角度的视图进行形态的绘制，表述能够准确客观地传达信息，但较抽象概括。在设计表述中若同时使用三视图和透视图表现，能够得到有效互补，有助于完善对象物的信息传达及信息的视觉化转换（如图 4-27、图 4-28 所示）。

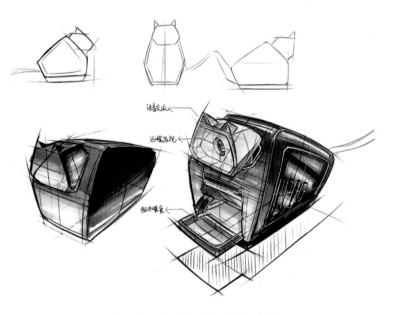

图 4-27　三视图和透视图的表现 1

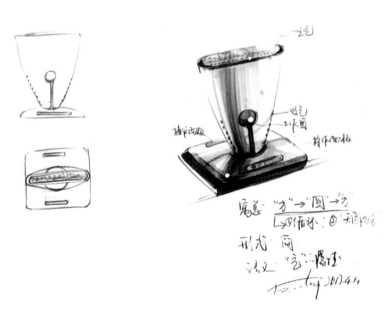

图 4-28　三视图和透视图的表现 2

4.2.3　圆柱体

依据前文中立方体透视的学习，我们在绘制圆柱体透视时一般采用"方中求圆"的方法。可采用四点法、八点法或十二点法等方法求出，较为常用的是八点法（如图 4-29 所示）。

4.2.3.1　垂直圆柱体

依据透视规律，随着视平线和视角的差异变化，正方形表现为不同形状的梯形或平行四边形，而圆形则显示为透视不同的各种形状的椭圆形。在绘制圆柱体的透视时，当视角发生变化，圆柱体及其截面圆的形状都会依据透视规律随之发生改变；当视点距离发生变化，圆柱体的截面圆也会依据透视规律产生变化（如图 4-30 所示）。

当我们在视觉化表述一个对象物时，不能只凭视觉上的感知去表现，还需要凭借直觉经验和对事物的认知。如果想在圆柱体上添加组件或切割小结构，设计者需要依循透视规律，确定组件或小结构的位置及其和圆柱体之间的透视关系，才能进行较为准确地绘制表述。例如，生活中常见的电水壶、吹风机、电动刮胡刀等都属于此类表述。当然，并不是说设计者每次都要先画出立方体后再求出圆柱体，而是在认知上要意识到有这个立方体透视的存在，熟练后是不需要把立方体画出来的，可以借助于中心线进行辅助绘制（如图 4-31 所示）。

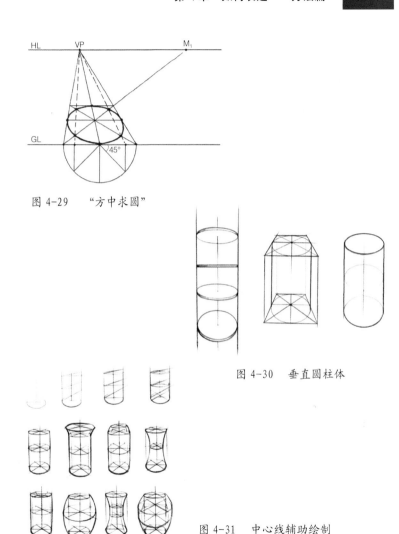

图 4-29　"方中求圆"

图 4-30　垂直圆柱体

图 4-31　中心线辅助绘制

4.2.3.2 平置圆柱体

在生活中，很多圆柱体的绘制角度不是垂直不变的，经常需要绘制平置的各种角度的透视。若要绘制一个平置圆柱体，通常都是先画一条中轴线作为辅助，并与左右两侧的椭圆形的长轴垂直。设计者可以借助于结构线和剖面线将其可见与不可见的部分全部绘制出来，以表现和验证透视的准确（如图 4-32、图 4-33 所示）。

之前我们提到，视觉化表述是由视觉上的感知、直觉经验和对事物的认知结合而成的。需要注意的是，视觉感知往往是不可靠的，如我们感知到门是长方形的，但在透视空间中，打开的门依循透视关系所绘制出的是梯形。而平置圆柱体通常都是以倾斜的角度呈现，会因透视而变形，但我们感知到的依然还是平置圆柱体的形态。因此，如果理解了平置圆柱体各种视角的透视规律，我们在绘制与之类似的复杂形态时就不会出错（如图 4-34 所示）。

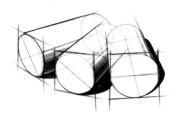

图 4-33　平置圆柱体 2

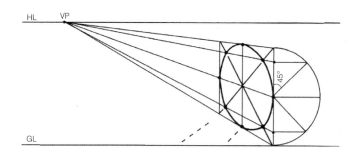

图 4-32　平置圆柱体 1

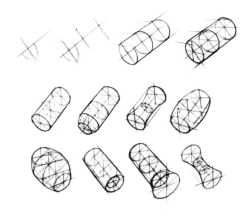

图 4-34　平置圆柱体 3

4.3　光源与明暗关系

4.3.1　光源的方向与角度

在复杂多变的自然光的环境中，照射在对象物上的光线是很难准确而客观地表现的，这就需要设计者具备一定的绘画基础。但设计表述的目的并不是如绘画艺术那样描绘对象物的表象，而是要展现从无到有的创造力，塑造全新的物质形态。因此，为了有效地进行设计表述，设计者会刻意地限定光源，选择易于表现的平行光源，并简化明暗关系，使对象物的暗部尽量单一，然后再遵循透视规律和表现原则进行概念化的绘制。这样做会让设计表述变得简单纯粹，设计者会把大量的注意力放在形态的塑造上，避免了不相关因素的干扰。

为了能够简单快速地绘制出立方体的阴影，首先要设定光源的方向和角度，设计者通常会假设光从物体左上方 60°或 45°照射过来（如图 4-35 所示），因为这个方向很接近现实中阳光照射的方向。在角度的设置上，也有人会选用正上方的光源角度，因在形体的立体表现和画面的美感上都较难控制，故不常用。光源的角度不宜设定过低，会导致投影太长、面积过大，而影响画面的主体表现效果。若选用背光光源会使对象物的正前方全是投影，大量信息都处在暗部，较难表现对象物的固有色和明暗关系，故在设计手绘表现图里忌用。

如图 4-36 所示，初学者要经常进行各种几何形体的组合练习，并有效设定单一光源的方向和角度，简单概括出阴影部分。按这种方式对几何形体进行反复重构练习，这对产品的概念视觉化呈现很有帮助。

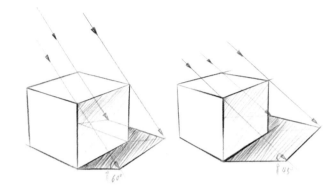

图 4-35　光源的方向与角度

图 4-36　单一光源的方向和角度

4.3.2 明暗关系

明暗关系是指在光源影响下，对象物每一个面呈现出的明暗差别。它用于表现对象物的立体感，并使其可以融入环境。对象物在自然光源下表现较为复杂，但根据单一光源表现出的明暗关系就会相对简单。若我们在一个光源比较单一的空间，眯着眼睛看着面前较模糊的对象物时就会发现，

即使明暗关系设置得很简单，也能感觉到至少四个比较直观的层次。那么在产品设计表现中，为了便于快速地掌握明暗关系，我们把其大体分为四个层次去表现：第一个层次是受光区域（亮部），为直接照射的高光色调；第二个层次是固有色和暗部反光区域（灰部），为偏亮点的色调；第三个层次是背光区域（暗部），为偏暗点的色调；第四个层次则是投影区域，为最暗的色调（如图 4-37 所示）。

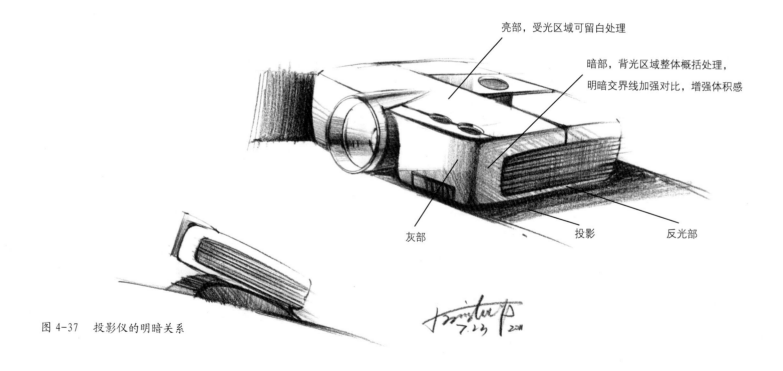

亮部，受光区域可留白处理

暗部，背光区域整体概括处理，明暗交界线加强对比，增强体积感

灰部　　投影　　反光部

图 4-37　投影仪的明暗关系

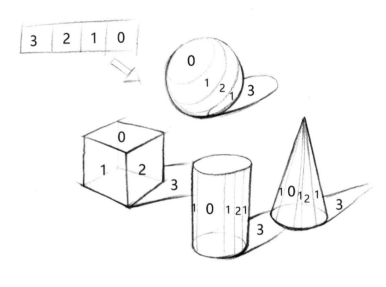

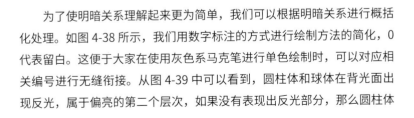

图 4-38　明暗关系 1

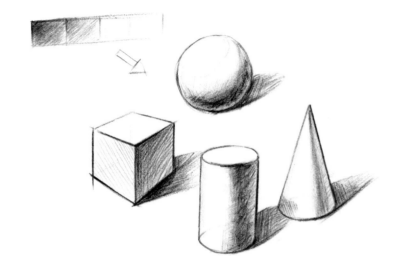

图 4-39　明暗关系 2

为了使明暗关系理解起来更为简单，我们可以根据明暗关系进行概括化处理。如图 4-38 所示，我们用数字标注的方式进行绘制方法的简化，0 代表留白。这便于大家在使用灰色系马克笔进行单色绘制时，可以对应相关编号进行无缝衔接。从图 4-39 中可以看到，圆柱体和球体在背光面出现反光，属于偏亮的第二个层次，如果没有表现出反光部分，那么圆柱体

和球体的立体感就会大幅减弱。其实立方体也有反光，只是区域不明显，经常被大家忽略掉了。设计者在需要绘制更精细的表现效果图时，四个层次的表现明显是欠缺力度的，需要更多的层次去支撑，才能使产品表现得更加丰富和细腻。

4.3.3 投影的表现

投影是指用一组光源将物体的形状投射在一个平面上的影子。在产品设计表现中，通常采用平行光源，更接近现实生活。

以长方体为例，我们用两组线就可以表现光源的方向：实际光源的方向以红线标注，投影方向以绿线标注。所有实际光源的方向（红线）都是平行的，而所有的投影都会沿灭点方向汇集（如图4-40所示）。

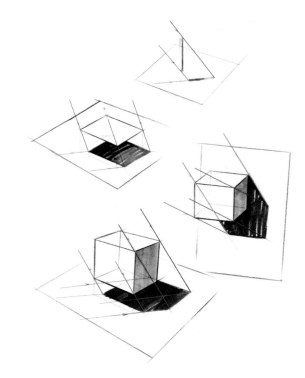

图 4-41　投影 2

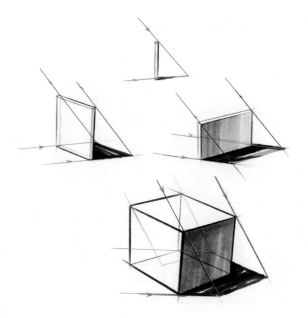

图 4-40　投影 1

因此，在产品设计表现中画投影的方法就是将一个设计对象物以正确的透视投射到平面上。投影和对象物本身的透视要汇集在同一个灭点上。平行于水平面方向的线条长度应与其在该水平面投影上的长度相同。对象物投射在垂直面和水平面上的投影形状，两者在表现上应该相同（如图4-41所示）。

4.4　着色

　　着色工作的主要目的在于表述设计对象物的色彩属性和质感属性，并不是产品设计手绘表现图的必需工作，单色线稿也可以作为设计的成稿出现。但较之单色线稿，着色稿能够更为全面、直观地表述设计讯息，尤其是设计对象物的色相、质感等内容的传示。

4.4.1　色相

　　着色工作的前提、基础是设计线稿，经着色工作后的线稿，最大变化是色相的呈现。色相是色彩的首要特征，是区别各种不同色彩的最准确的标准。在绘制实践中，具体的做法是：首先，要选择设计对象固有色的色相绘制对应的形态，如选用蓝色绘制蓝色吸尘器；其次，根据绘制形态的受光方向、形体走势等因素，以固有色的色相为基准，选用明度、纯度调整后的新固有色，渲染色相变化后的形态；最后，依据环境、情感等因素，采用相应的色相予以补足、修正。由于产品设计手绘表现图具有的说明属性，所以着色的首要工作是设计对象固有色的选用（如图 4-42 所示）。

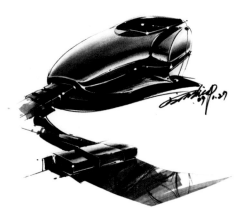

图 4-42　色相

4.4.2　质感

　　"模拟""描绘"设计选材是着色工作的另一项重要任务。基于现阶段着色工具的特点，常见的主要着色颜料均具有一定的透明属性（水彩、马克笔等）。其工作内容表现为两种形式：一是依托线稿的辅助性渲染。相对细腻的线稿已经将对象的纹理、肌理表述得足够全面，着色完成的只是辅助性的色相信息。二是相对独立、完整的工作。如果线稿未对设计材质予以全面刻画，那么主要的质感表述就会由着色工作单独承担。上述两种质感着色方法的选择，主要取决于设计者的习惯与兴趣取向，不存在优劣之分。同时，关于质感的着色技法，鉴于我们常见的材料特性，水彩画、国画、色粉画等相关画种的技法均可借鉴（如图 4-43、图 4-44 所示）。

图 4-43 质感 1

小节：产品设计手绘表现图的绘制方法论是一个构建于大量实践基础上相对科学、可行的经验方法论，它具有较强的开放性、拓展性与时效性。对于上述方法论的理解与掌握应是灵活的、变通的与具有批判性的，机械的、教条主义的和刻意排斥的学习方法和指导思想是不宜取的。

习 题

1. 临摹两张具有代表性的产品经典线稿案例。

2. 临摹两张不同质感的产品手绘表现图。

3. 绘制一张产品设计的线稿作业，同时完成该线稿的着色工作。

图 4-44 质感 2

第 5 章 设计表述——实战篇

教学目标：通过对使用不同工具和材料的产品设计手绘表现图的分步骤讲解与说明，达成相关学理与方法论的理解、认知与掌握

教学重点：使用不同工具和材料的产品设计手绘表现图的实践演示与分步骤讲解

教学难点：实践与理论相结合，提升对于相关学理与方法论的理解、认知与掌握

教学手段：实践演示

考核办法：随堂提问 + 案例绘制

设计手绘表现图是对设计构想进行梳理、推敲、深化与完善的二维视觉化表述，是对设计合理性、实际可行性等设计诉求的具体思考。相关学理及方法论的理解与认知是设计表述必要的依托与保障，而通过具体案例绘制工作的分解剖析和分步骤临摹实践，则是掌握其绘制流程和要领，提升设计表述能力的有效途径之一。

5.1 水彩实战

鞋体

步骤 1

用铅笔在水彩纸上勾勒出鞋体的轮廓及结构，透视的把握以有效体现设计构思为准；在鞋体的高光部分直接点上留白液，在绘制的过程中就不用特意留白或最后处理高光；注意线条的准确性，结构能够被清晰表达（如图 5-1 所示）。

步骤 2

以晕染的方式绘制画面背景，营造画面的整体色彩氛围，凸显画面的层次感；描绘时注意把握背景中的明暗关系（如图 5-2 所示）。

图 5-1　鞋体绘制步骤 1

图 5-2　鞋体绘制步骤 2

步骤 3

　　进一步刻画背景，使背景丰富起来，带动画面的整体活力；结合湿画法和干叠法绘制鞋底部的固有色及纹理（如图 5-3 所示）。

步骤 4

　　绘制鞋面部分，注意鞋子整体和细节的明暗关系的表达、鞋带的结构穿插、鞋面材质肌理的表现，以及背景环境的进一步完善（如图 5-4 所示）。

图 5-3　鞋体绘制步骤 3

图 5-4　鞋体绘制步骤 4

步骤 5

　　绘制鞋面的绿色纹理，进行细节的补充，进一步强化转折以表现出体感，进行整体图面调整，完成最终效果（如图 5-5 所示）。

图 5-5　鞋体绘制步骤 5

5.2　中性笔 + 马克笔实战

5.2.1　手持吸尘器

步骤 1

以中性笔起稿，在白描技法的基础上，加入了一定量素描中的"光影""结构"表现等因素，线条表现轻松、流畅（如图 5-6 所示）。

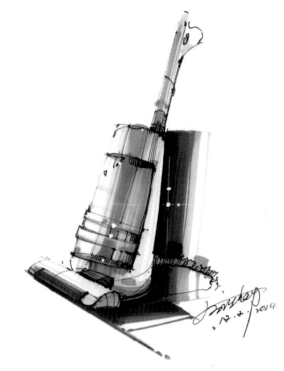

图 5-7　手持吸尘器绘制步骤 2

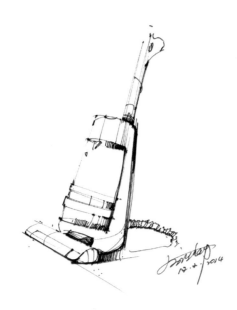

图 5-6　手持吸尘器绘制步骤 1

步骤 2

马克笔绘制过程中，根据结构和明暗关系给主体物铺上固有色，在受光面和反光面适当留白，并通过"点""线"的变化来表现材料的反光（如图 5-7 所示）。

5.2.2 桶式吸尘器

步骤 1

形体中除了有塑造形体的轮廓线（主要线），还有一些表现"形体结构""透视关系""质感塑造"等目的的线条，但这些线条的量要少，点到为止，勿要抢了主题（如图 5-8 所示）。

图 5-9　桶式吸尘器绘制步骤 2

步骤 2

油性马克笔具有较好的融合能力，能快速、流畅地涂饰出"面"的感觉，不会出现笔痕。若无很丰富色相、明度、纯度的马克笔，可以先用灰色系马克笔绘制出形体的体积关系，再用另一种马克笔叠色，同样可以产生所需的效果（如图 5-9 所示）。

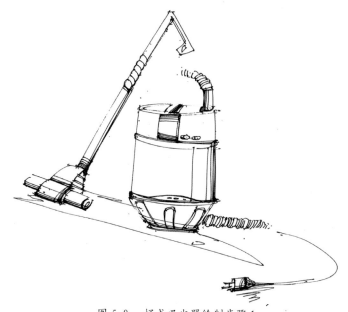

图 5-8　桶式吸尘器绘制步骤 1

5.2.3　工程车

步骤 1

用中性笔绘制形象轮廓，注意把握使用中性笔的力度，以产生符合形体建立需要的线条，线形张弛有度，重点突出（如图 5-10 所示）。

图 5-11　工程车绘制步骤 2

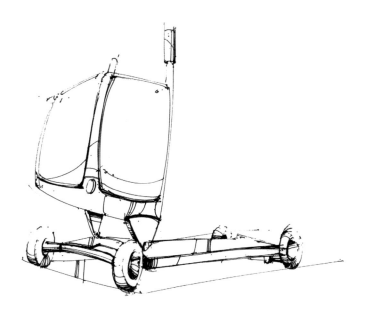

图 5-10　工程车绘制步骤 1

步骤 2

采用明度、纯度不同的马克笔按照受光方向、质感的需要绘制对象的固有色。由于油性马克笔融合力较好，绘制时运笔可遵循形体"面"的走向，快速涂饰。对于暗部结构的刻画，可以采用白色彩色铅笔结合涂改液完成（如图 5-11 所示）。

5.2.4 游艇

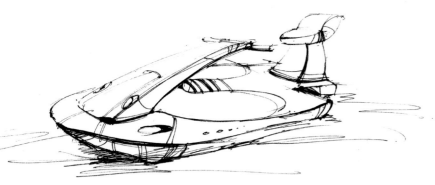

图 5-12　游艇绘制步骤 1

步骤 1

采用中性笔绘制形体造型，注意运笔流畅、结构准确。由于中性笔一旦出现失误就很难修改，如果是非主要或暗部线条，可在后面的步骤中用马克笔加以覆盖来进行纠正和调整（如图 5-12 所示）。

步骤 2

利用马克笔的互溶性特点，渲染出"水面"及"投影"等；再配合涂改液绘制"水面反光"（如图 5-13 所示）。

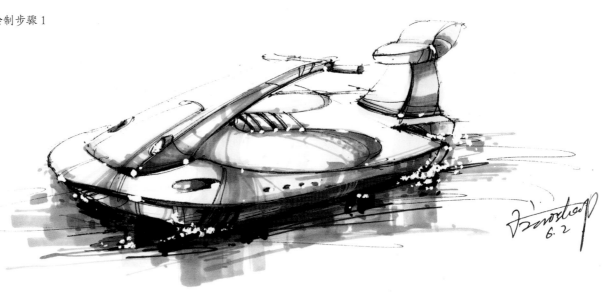

图 5-13　游艇绘制步骤 2

5.2.5　随笔

以捕捉灵感、记录构想、整理素材为目的，用直观的形式快速表达，这种表现图称为设计随笔。

步骤 1
用中性笔"白描式"地勾画出形体，通过线条的疏密、粗细来表现产品的形体关系（如图 5-14 所示）。

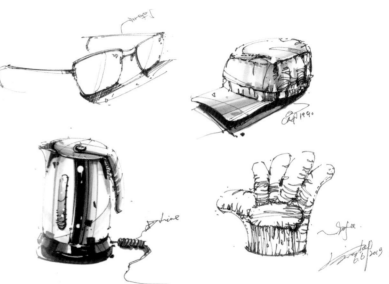

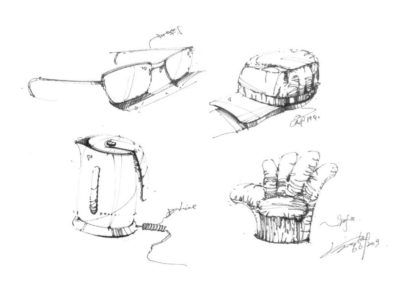

图 5-15　随笔 1（上色）

步骤 2
产品的"体、面"关系主要依靠马克笔来完成。在绘制时，还应控制马克笔的"面积"，大致说明物体"固有色""质感"即可，不易作大面积的绘制（如图 5-15 所示）。

图 5-14　随笔 1（中性笔线稿）

5.2.6 洗衣机

步骤 1

起稿时，用轻松的线条勾勒出洗衣机的大致形状，注意透视关系，确定整体外轮廓线和结构线，增强体积感（如图 5-16 所示）。

图 5-17　洗衣机绘制步骤 2

步骤 2

采用马克笔为洗衣机绘制固有色，并用黑色彩铅整体修整一下，强化亮暗面对比，增强产品的体积感与空间感（如图 5-17 所示）。

图 5-16　洗衣机绘制步骤 1

5.2.7　公交站台

步骤 1

　　运用黑色中性笔在设计构思相对成熟的基础上，绘制设计线稿。要注意确立表现角度、整体的透视和比例关系、空间形体的前后顺序等，明确需要表述的重点。线条应把握轻重力度，以表现不同的形体属性（如图 5-18 所示）。

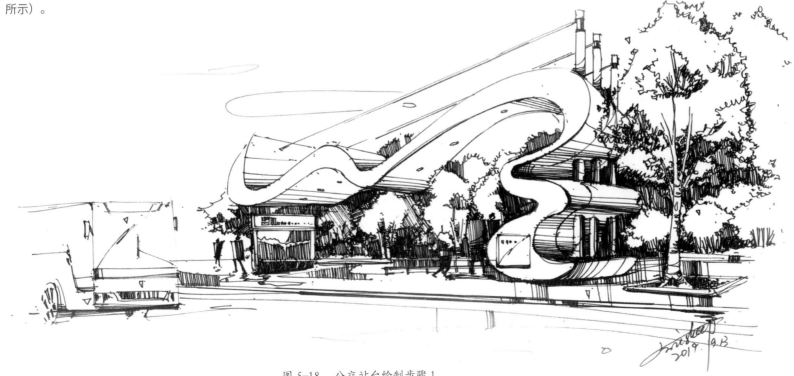

图 5-18　公交站台绘制步骤 1

步骤 2

着色的基本原则是由浅入深，通盘考虑画面整体色调，采用不同明度、纯度的马克笔逐层、递进式着色，不断强化和确定表述对象，拉开画面各部分之间的明暗层次关系。最后绘制高光，进一步强化明暗关系和明确材质属性（如图 5-19 所示）。

图 5-19　公交站台绘制步骤 2

5.3　单色彩铅 + 马克笔实战

5.3.1　鼠标

步骤 1

钢性较强的线条适合于表现科技感、直线化的产品。同时，图解式的草图是传达设计思想的有效方法（如图 5-20 所示）。

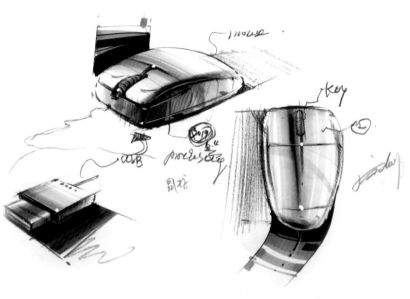

图 5-21　鼠标绘制步骤 2

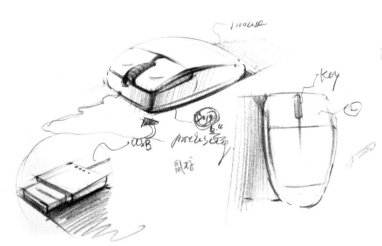

图 5-20　鼠标绘制步骤 1

步骤 2

采用马克笔绘制产品的固有色，用笔利索、流畅，结构表现到位（如图 5-21 所示）。

5.3.2　随笔

步骤 1

绘制草图的方法主要借鉴素描的方式。草图的绘制，方法、方式多种多样，无所谓"孰对孰错"，能够快速、准确、有效地表达设计思想即可（如图 5-22 所示）。

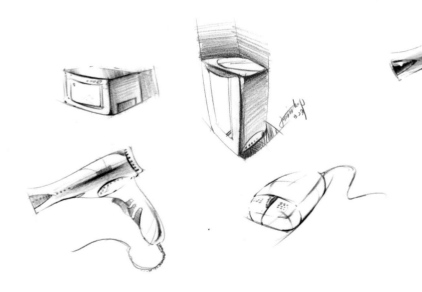

图 5-23　随笔 2（上色）

步骤 2

采用马克笔绘制产品的固有色，注意曲面的处理及明暗交界线。在受光和反光部分可以适当留白，增强产品的体积感和画面的艺术感（如图 5-23 所示）。

图 5-22　随笔 2（单色彩铅线稿）

5.3.3　打印机

步骤 1

确定打印机的形状并加重线条，区分出亮暗面，并进行多角度表达。用彩色铅笔整体强调暗部轮廓线，调整画面，注意线条之间的虚实变化（如图 5-24 所示）。

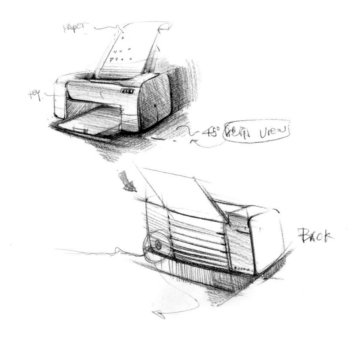

图 5-24　打印机绘制步骤 1

图 5-25　打印机绘制步骤 2

步骤 2

线稿表现到位，马克笔简单绘制固有色即可。设计草图的绘制是一个设计构思不断得到"体现""深化""整理"的过程。对于一个特定的草图，它能把设计要点表达清楚即可，无须"面面俱到"，需有所取舍（如图 5-25 所示）。

5.3.4　电动刮胡刀

步骤 1

　　首先要了解电动刮胡刀的大概结构，将产品的形状画出来，注意线条的流畅及结构透视的准确；然后进一步刻画产品，初步将亮暗区域分出来；最后调整明暗关系，使整个画面更为整体化，注意线条的虚实变化（如图5-26 所示）。

图 5-27　电动刮胡刀绘制步骤 2

步骤 2

　　先用灰色马克笔概括暗部；然后用红色马克笔为产品铺色，注意暗部到亮部的过渡处理，高光处适当留白，增强产品的体积感与光感；最后用淡红色马克笔处理产品的亮面部分，高光笔处理一下转折高光处。注意运笔，围绕产品图去刻画，随意自然（如图5-27 所示）。

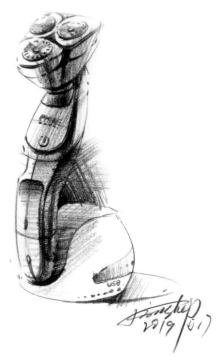

图 5-26　电动刮胡刀绘制步骤 1

5.3.5　概念自行车 1

步骤 1

概念自行车的结构较为复杂，且主要信息集中在侧面。为提高绘制速度，降低绘制难度，可选择一点透视并借助尺规进行绘制。在绘制时，要注意把握线型的粗细、缓急、虚实等因素的变化，以取得形体表现所需要的结构关系，切忌对线条平均对待（如图 5-28 所示）。

图 5-29　概念自行车 1 绘制步骤 2

步骤 2

为体现产品的运动属性，应采取较为流畅的运笔着色方式，且笔触宜取形体的运动走势方向。在马克笔着色的基础上，采用黑色彩铅进一步强调结构，并借助涂改液绘制形体的高光，绘制时要格外注意着色的取舍，以体现产品的运动属性（如图 5-29 所示）。

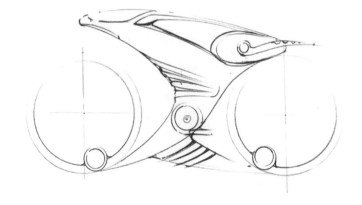

图 5-28　概念自行车 1 绘制步骤 1

5.3.6 概念自行车 2

步骤 1

在有色纸上利用尺规等工具绘制概念自行车线稿，并借助涂改液和白色彩色铅笔绘制形体的高光（如图 5-30 所示）。

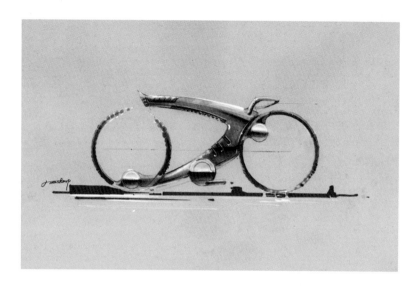

图 5-31 概念自行车 2绘制步骤 2

图 5-30 概念自行车 2绘制步骤 1

步骤 2

在着色重点上，以自行车形体的中部为主，尽量表现车轮上部的受光与下部的反光。这种艺术化的处理能凸显画面的主次感。在马克笔着色的基础上，配以黑色彩铅来进一步强调结构（如图 5-31 所示）。

5.3.7　运动鞋

步骤 1

先将鞋体的基本形状画出来，注意整体结构关系表达是否到位，尺寸比例是否合理；在处理鞋体上的线条时，多关注线条的虚实变化；在增强明暗关系、刻画鞋体细节时，注意鞋体材质的质感表现（如图 5-32 所示）。

图 5-32　运动鞋绘制步骤 1

步骤 2

在相对较完整的线稿上，局部使用马克笔的艺术化处理，强化肌理对比效果，增强画面的层次感，使表现效果更加生动，画面更有张力。在绘制时需做模板遮挡（如图 5-33 所示）。

图 5-33　运动鞋绘制步骤 2

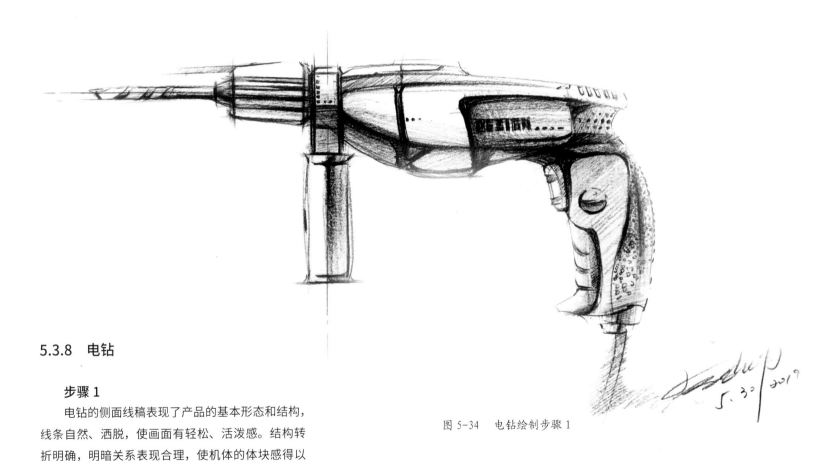

图 5-34 电钻绘制步骤 1

5.3.8 电钻

步骤 1

电钻的侧面线稿表现了产品的基本形态和结构，线条自然、洒脱，使画面有轻松、活泼感。结构转折明确，明暗关系表现合理，使机体的体块感得以展现（如图 5-34 所示）。

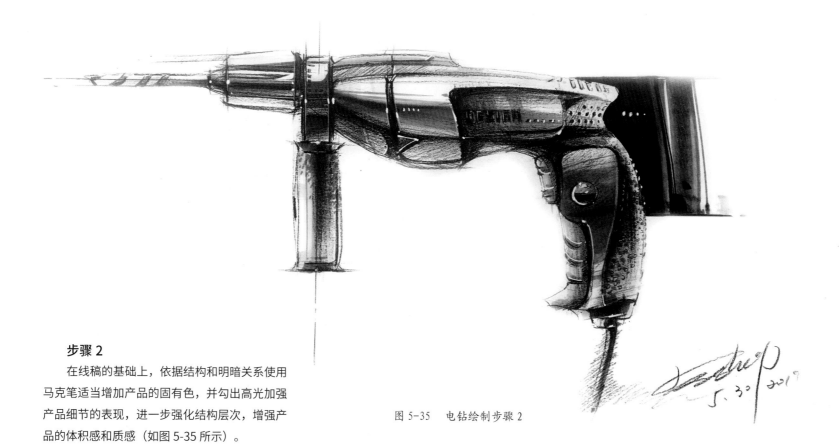

步骤 2

　　在线稿的基础上，依据结构和明暗关系使用
马克笔适当增加产品的固有色，并勾出高光加强
产品细节的表现，进一步强化结构层次，增强产
品的体积感和质感（如图 5-35 所示）。

图 5-35　电钻绘制步骤 2

5.3.9　空气净化器

步骤 1

空气净化器的透视线稿对产品的基本形态、结构和功能布局进行了设计表述，并辅以前视图和右视图对其进行更直观、形象地补充表述（如图 5-36 所示）。

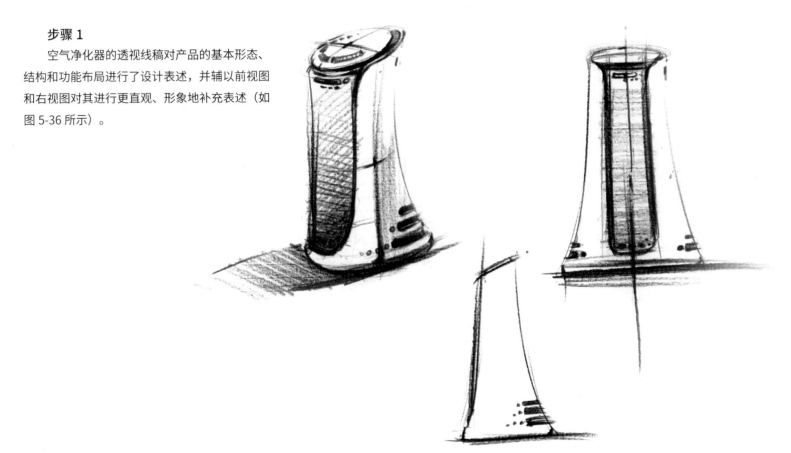

图 5-36　空气净化器绘制步骤 1

步骤 2

在线稿的基础上，依据透视和结构线的方向进行运笔，用马克笔适当地增加产品的固有色和明暗关系，最后勾出高光丰富画面层次，增强净化器的表面质感（如图 5-37 所示）。

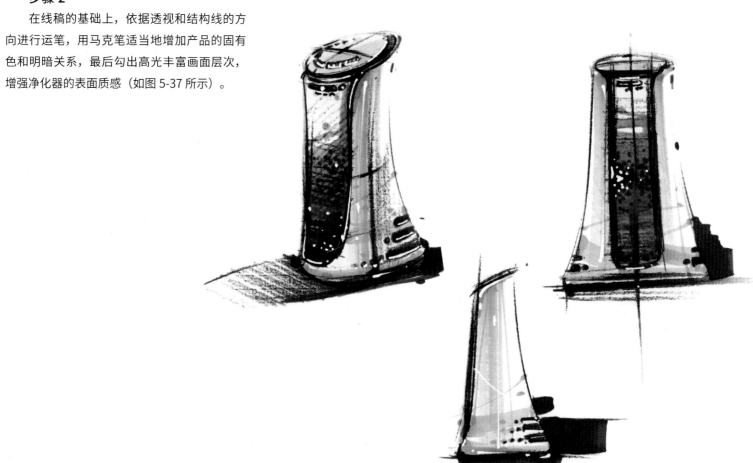

图 5-37　空气净化器绘制步骤 2

5.3.10 跑车

步骤 1

起线稿，根据车体的大小比例，利用线条刻画车体的结构，把车体的基本形状确定下来，对车头部分稍做刻画（如图 5-38 所示）。

图 5-38 跑车绘制步骤 1

步骤 2

绘制好线稿后，采用马克笔绘制出车体的固有色，用笔流畅，凸显车的动感和速度，色域过渡自然。用涂改液修饰出车体的高光部分，表现出高反光材质的特性（如图 5-39 所示）。

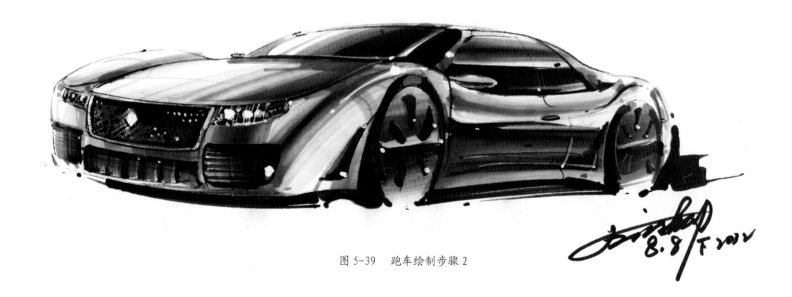

图 5-39　跑车绘制步骤 2

5.4　马克笔 + 色粉实战

5.4.1　轿车

步骤 1

采用黑色彩铅勾勒出车体大致透视关系及大轮廓（主要的特征线），线条要柔和自然，不宜生硬，勾出大致形状即可（如图 5-40 所示）。

图 5-40　轿车绘制步骤 1

图 5-41　轿车绘制步骤 2

步骤 2

进一步明确轿车整体形态并画出主要的结构线作为辅助说明，采用线条排布的方式表现车头的结构关系，特别要注意画面的整体性。在整体结构绘制完成的基础上将局部细节逐步表现出来（如图 5-41 所示）。

步骤 3

采用色粉擦拭出车体主体部分的固有色，以表现高反光材质光滑过渡的特性。对于擦拭中超出的部分，可以采用橡皮擦拭或利用自制挡板加以限定（如图 5-42 所示）。

图 5-42　轿车绘制步骤 3

步骤 4

用色粉擦拭车窗区域,强调玻璃的质感。用灰色马克笔绘制出车栅格、车轮等部位的暗面（如图 5-43 所示）。

图 5-43　轿车绘制步骤 4

步骤 5

采用深蓝色马克笔表现车体的暗部色彩。绘制时要注意材质本身的特性，高反光材质明暗对比极强（如图 5-44 所示）。

图 5-44　轿车绘制步骤 5

步骤 6

丰富暗面变化，深入刻画增加其层次感（如图 5-45 所示）。

图 5-45　轿车绘制步骤 6

步骤 7

　　对暗面再加重处理，在车体的转折上进行强化，重点表现汽车的体块感和车体的质感。运笔需流畅，背景采用单色渐变，凸显车体，丰富图面效果，最后点上高光（如图 5-46 所示）。

图 5-46　轿车绘制步骤 7

5.4.2　吸尘器机体

步骤 1

由于是设计线稿，为了提高绘制速度，此阶段只需将形体的大致结构画出即可，更多细节设计将在下面的步骤中不断深化、推敲与完善（如图 5-47 所示）。

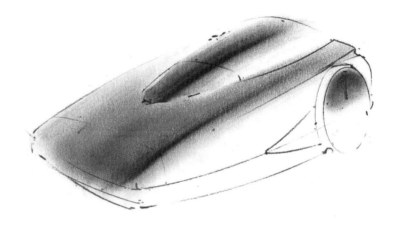

图 5-48　吸尘器机体绘制步骤 2

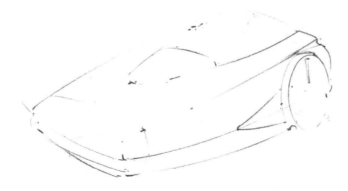

图 5-47　吸尘器机体绘制步骤 1

步骤 2

为表现形体的质感，采用色粉擦拭出吸尘器形体过渡面的固有色。色粉中可以适量加入爽身粉以增加色粉的细腻效果，但会稍微降低色粉的色彩纯度（如图 5-48 所示）。

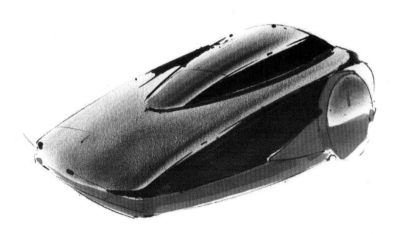

图 5-49　吸尘器机体绘制步骤 3

步骤 3

　　采用马克笔绘制出吸尘器背光面。一般而言，非金属类的材质，色粉的面积较大，色粉与马克笔间的衔接比较紧密；金属类（金属漆）的材质，马克笔的面积较大，色粉与马克笔间要预留一定的空白，以形成强烈的色彩对比，凸显材质的视觉特性（如图 5-49 所示）。

步骤 4

　　拉开形体受光区域和背光区域的明度对比，用马克笔加重处理暗面和明暗交界线。深化细节，在吸尘器的分模线和小结构的处理上进行交代和刻画（如图 5-50 所示）。

图 5-50　吸尘器机体绘制步骤 4

步骤 5

进一步丰富画面的整体层次感，深入刻画形体的细节结构、阴影、投影与反光，采用白色水粉＋勾线笔绘制形体高光（如图 5-51 所示）。

图 5-51　吸尘器机体绘制步骤 5

步骤 6

　　背景采用绘制、剪裁、粘贴的办法处理，其中背景采用与主体对象相关或相对的色彩为妥，力求背景与主体对象具有一定的关系，避免"画蛇添足"（如图 5-52 所示）。

图 5-52　吸尘器机体绘制步骤 6

图 5-53　榨汁机绘制步骤 1

5.4.3　榨汁机

步骤 1

复制线稿，在其中一张复制线稿上，根据产品的属性，利用"底色高光法"，采用马克笔绘制玻璃杯及背景的底色（如图 5-53 所示）。

步骤 2

在另一张复制线稿上，采用遮挡法，按其结构和明暗关系用色粉、马克笔绘制榨汁机的机体部分。先运用色粉，后用马克笔整理形象，这种做法可以使色粉绘制更自由，马克笔色彩更饱和（如图 5-54 所示）。

图 5-54　榨汁机绘制步骤 2

步骤 3

除去遮挡纸，采用马克笔、彩色铅笔绘制榨汁机的机体细节以及进一步丰富其明暗关系的层次（如图 5-55 所示）。

步骤 4

将步骤 1 形成的背景素材进行剪裁，并粘贴于适合的位置（如图 5-56 所示）。

图 5-55　榨汁机绘制步骤 3

图 5-56　榨汁机绘制步骤 4

图 5-57　榨汁机绘制步骤 5

图 5-58　榨汁机绘制步骤 6

步骤 5

采用马克笔、彩色铅笔绘制粘贴部分的玻璃杯，重点表现其透明的特性。绘制榨汁机的顶部固有色（如图 5-57 所示）。

步骤 6

采用马克笔绘制榨汁机的透明容器，注意结构的表现和材质的特性（如图 5-58 所示）。

步骤 7

　　利用橡皮清理图画，采用彩色铅笔刻画结构与材质细节，调整画面整体关系。运用涂改液（白色水粉）勾勒产品高光部分，塑造榨汁机的质感和光泽感（如图 5-59 所示）。

图 5-59　榨汁机绘制步骤 7

小节：通过分步骤、循序渐进地学习绘制产品设计手绘表现图，是提升产品设计手绘表现图的绘制水平的重要途径。在学习中，有效地结合相关学理与方法论的认知，是需要予以重视的策略。

习　　题

1. 按照分步骤图的指导，绘制产品设计手绘表现图。

2. 说明每张表现图应用到的相关学理和方法。

EXPRESSION

第 6 章　设计表述——解析篇

教学目标：通过一定数量的案例讲评，消化、理解与掌握产品设计手绘表现图的内涵、学理和方式、方法

教学重点：案例绘制显著特征的归纳与总结

教学难点：图文并茂地剖析各类案例绘制方式的异同

教学手段：PPT 课件讲授

考核办法：随堂提问＋实践作品考核

图 6-1　摩托车

6.1　水彩表现图解析

　　图 6-1 绘制于有色的康颂水彩纸上，采用"透明水色＋辅助工具"的着色方法，旨在提高设计者运用不同工具进行表述的能力。

图 6-2 的背景采用主体物中面积较大的色相为主色调绘制，以便主体物主要色彩能够借用背景色完成。形体结构的塑造通过运笔来实现，笔触的方向一般按照形体的走向，可以适当改变笔触的方向、宽窄，以求得灵活的结构层次。

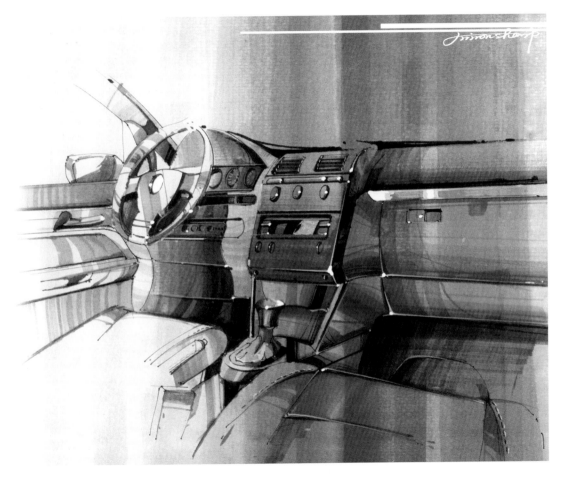

图 6-2　汽车内部

图 6-3 利用透明水色绘制富有动势的背景，部分背景整齐的边界轮廓是由胶带遮挡形成的。结构、细节的繁简和精细与否是产生空间感、体积感的前提。在一张图中，繁与简是相对的。一般来说，繁的地方是透视要求的，或是设计需要的。

图 6-3　机车头部

6.2　中性笔 + 马克笔表现图解析

图 6-4 为深入生活的实物写生，一方面有助于锻炼设计者手眼的协调控制能力；另一方面会提升设计者的观察与概括能力。更为重要的是，设计者积累了大量的绘制经验，为自行设计打下基础。

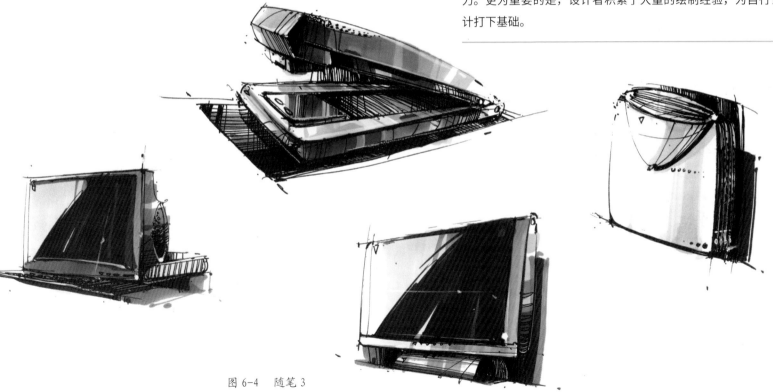

图 6-4　随笔 3

图 6-5 中线稿的绘制虽然受制于绘画技能与表述技巧，但一个优秀的设计理念才是决定最终线稿效果的关键。优秀的设计理念 + 高超的设计表述 = 良好的设计开端。

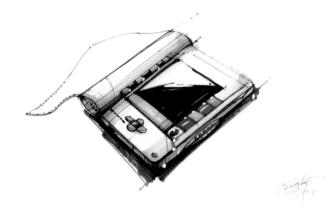

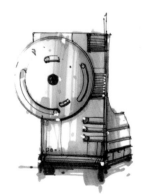

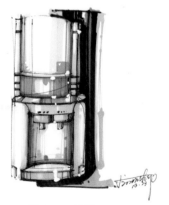

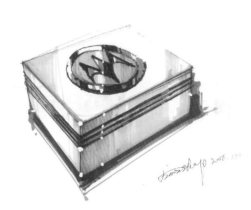

图 6-5　随笔 4

图 6-6 中留白是产品设计手绘表现草图常
见的手法，其目的在于：一是绘制效率的诉求；
二是光影关系、材料属性等因素的使然。

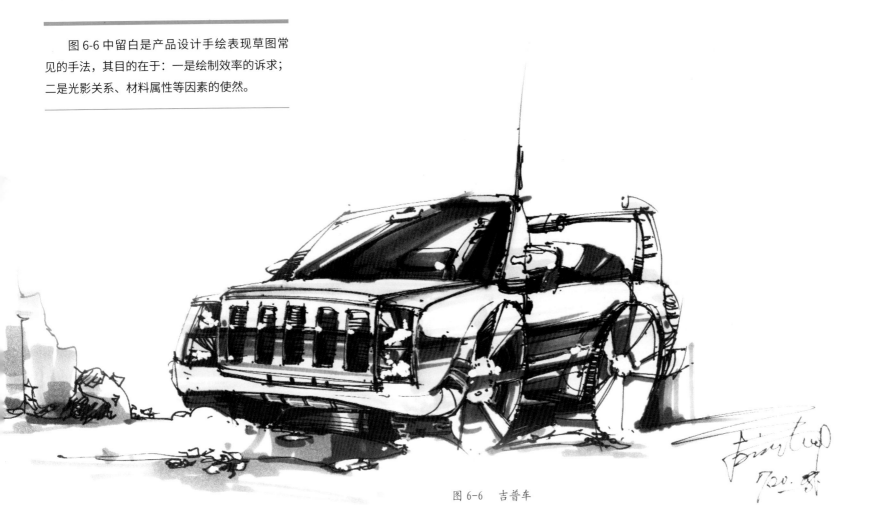

图 6-6　吉普车

6.3 单色彩铅 + 马克笔表现图解析

图 6-7 的手绘表现草图是设计实践中应用最为频繁、广泛的表述形式。因追求绘制效率，设计者一般只会对产品的目标设计点予以重点表述，其他方面则会采用概括、省略等方式绘制。

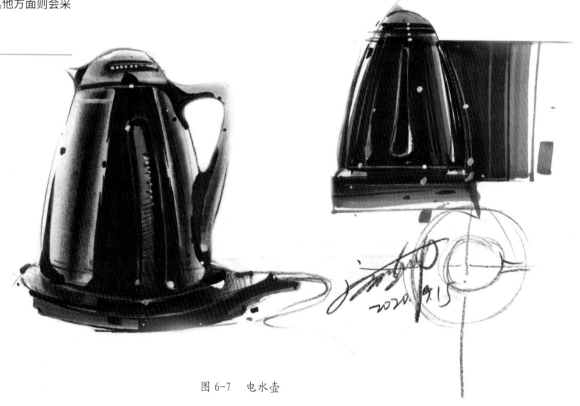

图 6-7 电水壶

如图 6-8 所示，设计者在绘制产品设计手绘表现图线稿时，应注意各种线型的运用。一般来说，表现形体轮廓的线型较粗；表现形体结构走向的线型次之；刻画材质、光影的线型则应更具有韧性。

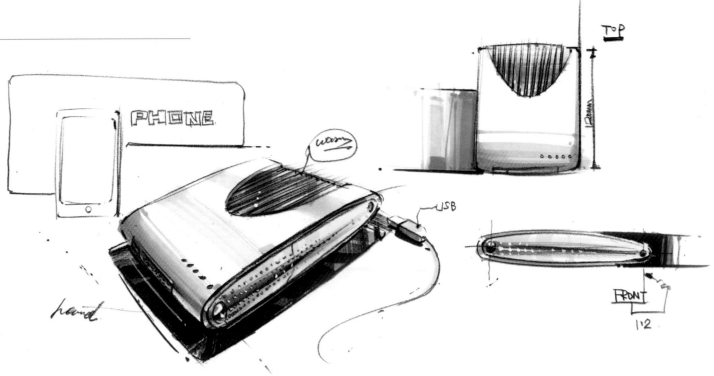

图 6-8 手机网络信息设备

图 6-9 是典型的记录性表现图，重
在传示设计者对于产品设计的瞬间灵感
与快速的视觉呈现。

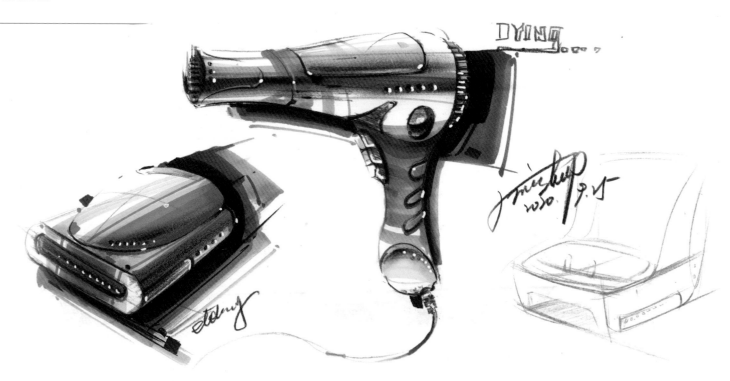

图 6-9　电吹风

　　图6-10是绘制表现效果图的随笔。在时间允许的前提下，设计者应花费一定的时间用于刻画设计对象结构的准确性，为接下来的着色提供良好的基础。

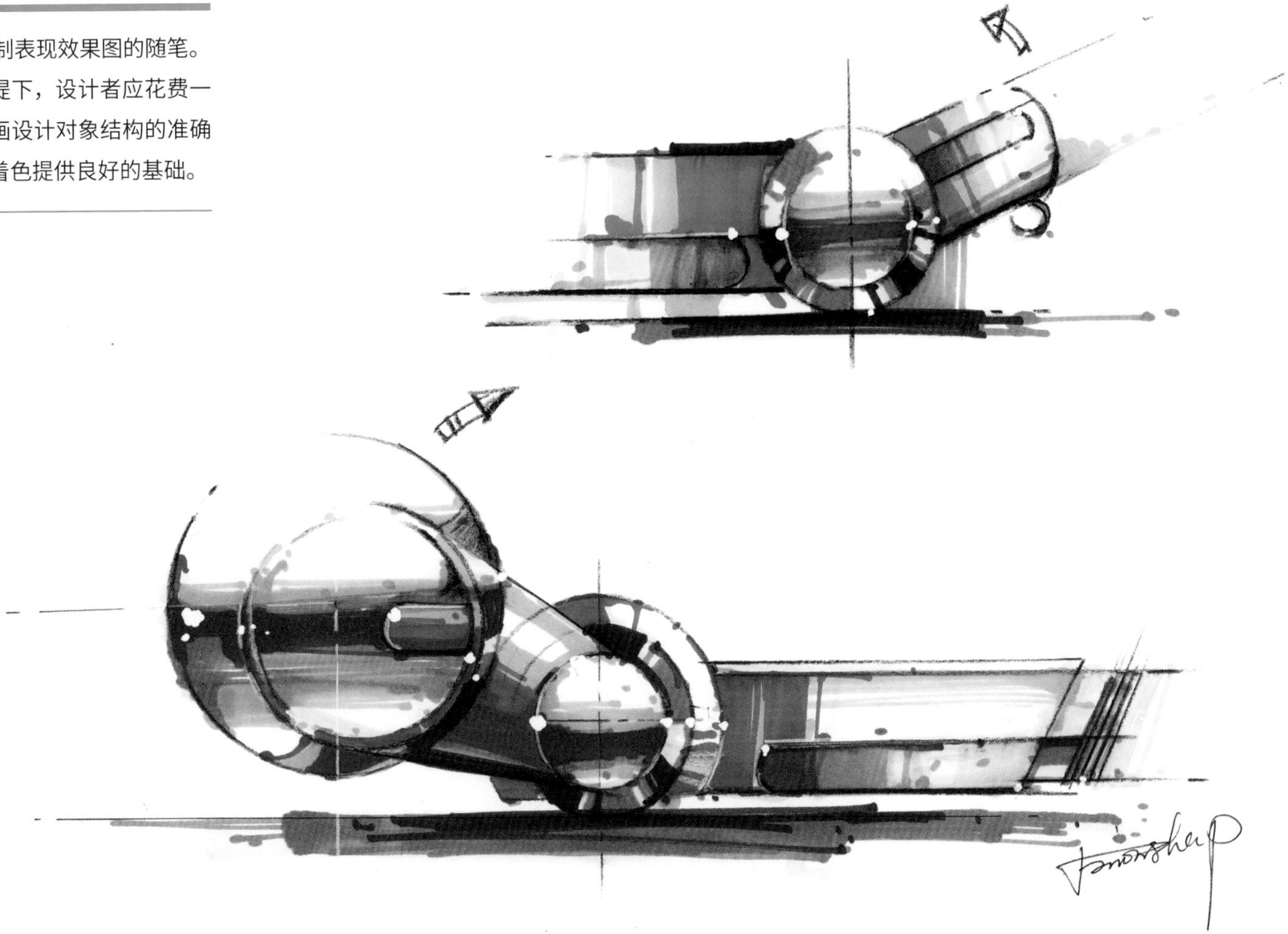

图 6-10　随笔 5

如图 6-11 所示，设计者在确立了表述对象的固有色后，一般会围绕该固有色，选择不同明度的两支马克笔，用以满足对象受光后色彩变化的表述需要。在此基础上，尽量发挥马克笔笔头的特点，有意识地画出面、线和点，进一步丰富色彩语言。

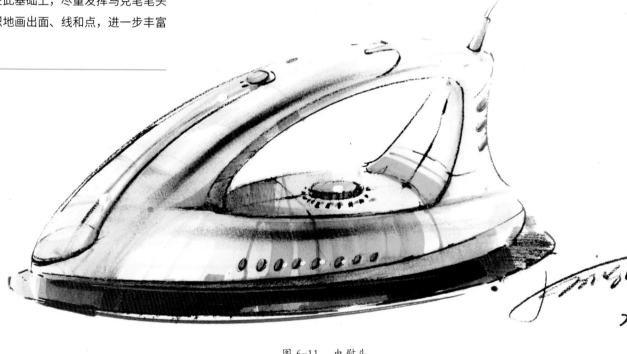

图 6-11　电熨斗

如图 6-12 所示，由于线稿有着较为丰富的线条语言，马克笔的着色只需把握住光影产生的变化即可。需要说明的是，彩铅绘制的线稿最好经复印之后再着色，以免色彩的脏乱。

图 6-12　吹风机

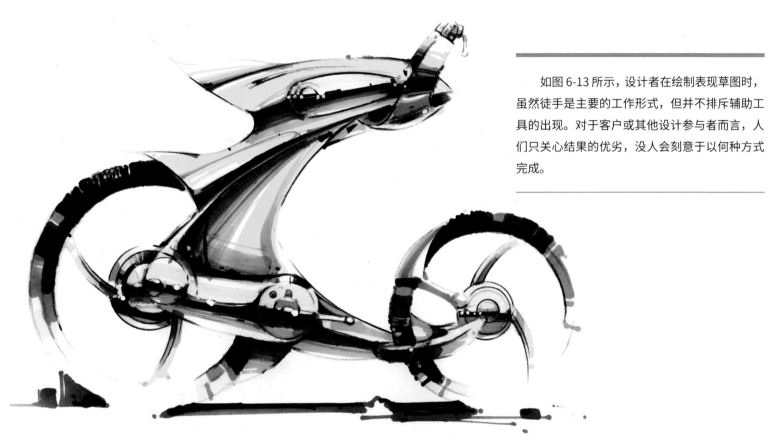

如图 6-13 所示，设计者在绘制表现草图时，虽然徒手是主要的工作形式，但并不排斥辅助工具的出现。对于客户或其他设计参与者而言，人们只关心结果的优劣，没人会刻意于以何种方式完成。

图 6-13　概念电动车

如图 6-14 所示，设计者在运用酒精马
克笔着色时，要特别注意色彩叠加效果的
运用。往往一支笔，经过几次重复着色，
便会产生不同的色彩明度与纯度。

图 6-14　工程车

如图 6-15 所示，手绘表现效果图有别于一般工程图纸，突出表现的是艺术性。对于主体对象，不惜重彩；对于非主体对象（包括背景等），则会采用虚化的处理手法。由此便达成了图面的主次、虚实等关系。

图 6-15   跑车 1

如图 6-16 所示，设计者在绘制背景时，有意识地进行留白处理，目的是表现主体物的光感、质感。为了表现对象的质感、属性，可以绘制某种视觉语言符号，以强化对象的某种性质。

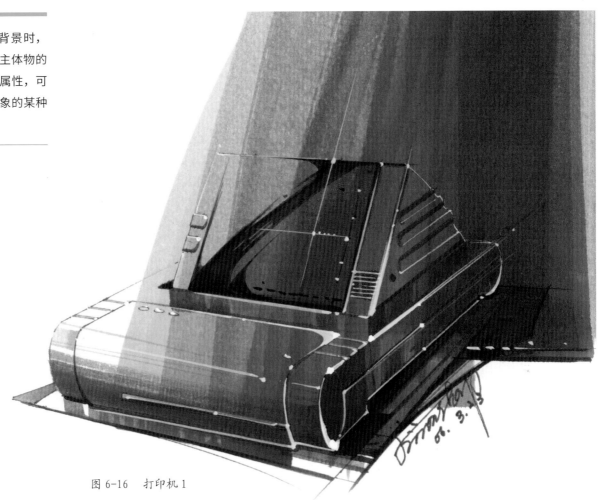

图 6-16　打印机 1

如图 6-17 所示，设计者对色相、纯度、明度等因素的把控，是架构产品空间尺度与位置关系的重要手段。马克笔的色彩纯度较高，适合表现产品的固有色，使表现图具有视觉冲击力。

图 6-17　跑车 2

如图 6-18 所示，鉴于线稿对于设计表述的重要性，若前期绘制出不理想的线条，可在后期利用恰当的工具巧妙地修正过来。

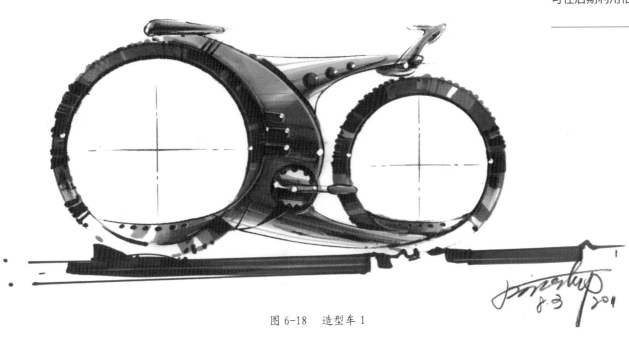

图 6-18　造型车 1

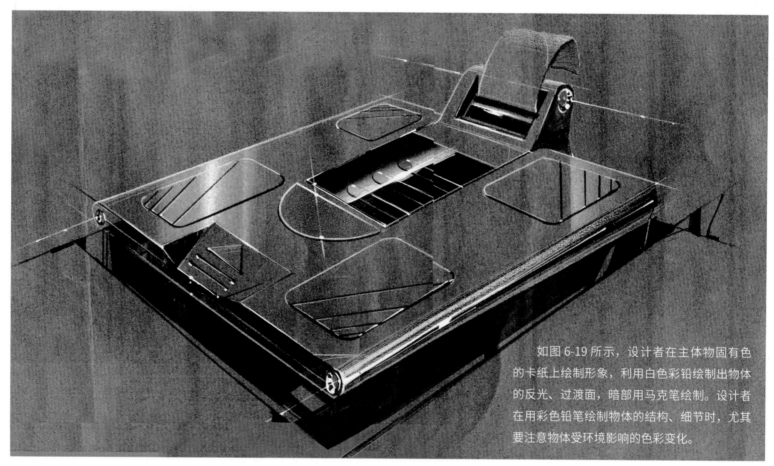

如图 6-19 所示，设计者在主体物固有色的卡纸上绘制形象，利用白色彩铅绘制出物体的反光、过渡面，暗部用马克笔绘制。设计者在用彩色铅笔绘制物体的结构、细节时，尤其要注意物体受环境影响的色彩变化。

图 6-19　电子设备

如图 6-20 所示，设计者利用笔触方向的变化表现形体的结构，要注意运笔肯定、流畅，起、终笔源于形体的结构处。随着绘制过程笔中颜料的减少，自然形成色彩上的"渐变"效果，以此来表现形体的阴影变化。

图 6-20　概念操控台

如图 6-21 所示，由于线稿表述时已具有较为丰富的线条语言，马克笔的着色只需把握住固有色和光影产生的变化。建议彩铅绘制的线稿最好复印后再着色，以免色彩脏乱或多色彩需求。

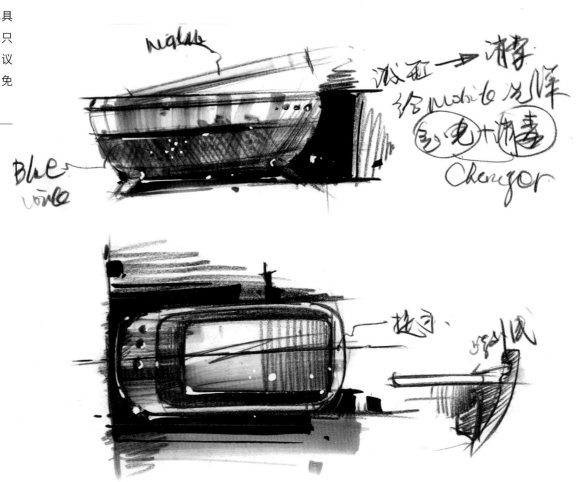

图 6-21　手机无线充电消毒器

如图 6-22 所示，就目前设计表述的手段而言，建筑手绘快速表现图的意义在于捕捉瞬间的建筑感受，传递及时的建筑示意，而不在于对感受与示意的科学与理性论证。鉴于建筑设计的色彩往往较为单一，有时可以在配景的着色上下功夫，通过树木、草地、池水等配景的色彩渲染调节气氛，丰富画面语言。

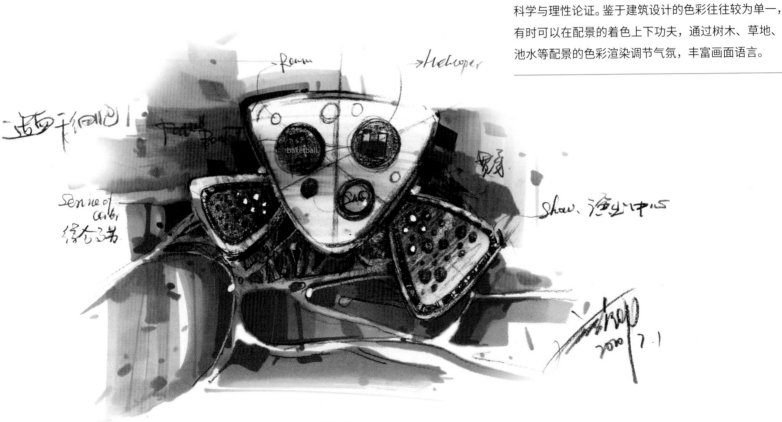

图 6-22　建筑体顶面

如图 6-23 所示，在确立了表述对象的固有色后，设计者依据色相、纯度与明度的不同，刻画出主体物的空间层次关系。对于画面虚实关系的处理、主次关系的协调以及取舍尺度的把握，既要符合人们一般的视觉习惯，又不可面面俱到。

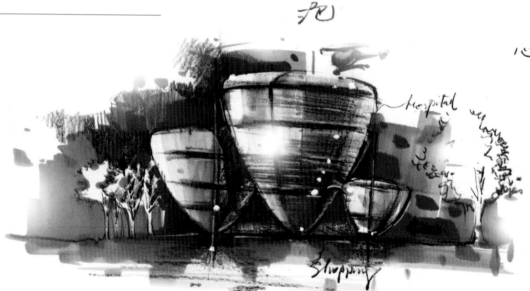

图 6-23　建筑体立面

如图 6-24 所示，设计者运用马克笔时，应快速、整洁且充满力度。在绘制时要注意各种线条的运用。

图 6-24　建筑体

115

6.4　马克笔 + 色粉表现图解析

如图 6-25 所示，设计者在马克笔描绘完固有色后，用彩色铅笔流畅地绘制对象的反光、形体变化等。对于阴影的绘制，可以采用纯色马克笔、铅笔描绘，注意留白、变化，使其富于层次，但不可过"花"，抢主体物"光彩"。对于主体物有"回转体""对称形"等，可绘制其"轴线"，以强化形体的性质。

图 6-25　胶带切割器

如图 6-26 所示，一般而言，产品的色彩选择应具有一定的倾向性，即暖色调、冷色调或中性色调。一旦确立了产品的整体色调，该色调将成为图面大部分对象的首选色相。设计者运笔流畅，背景采用多色渐变，图面效果丰富。

图 6-26　跑车 3

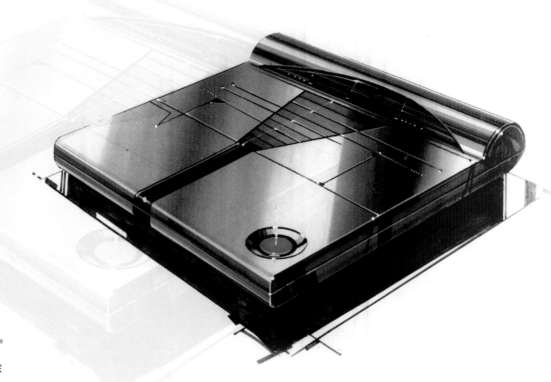

图 6-27　电子产品

　　如图 6-27 所示，设计者使用马克笔绘制形体的固有色，在此基础上，擦拭色粉颜料，以产生反光、投影效果。设计者通过不同明度马克笔的绘制，以此来体现该材料的属性。笔触方向为形体结构方向。

如图 6-28 所示，投影是绘制表现图的重要环节，它能强化主体物的体积感、现实感。设计者在投影的绘制时，应把握简洁、流畅、因素全面而概括等特点，切忌过于生硬、呆板。对于暗部的绘制，要注意统一的色调和内部细节的刻画，切勿平涂，甚至"涂死"。

图 6-28 造型车 2

如图 6-29 所示，对于产品中一些"细小结构""精细高光"，设计者可采用彩色铅笔借助尺、规、模板来绘制。形体上的高光点采用涂改液点出，其排列一般是按照受光方向依次绘出。为了更好地表现不锈钢材质，需根据环境特点绘制反光面的颜色，同时用重色绘出活跃的明暗交界线，突出材质的强对比。

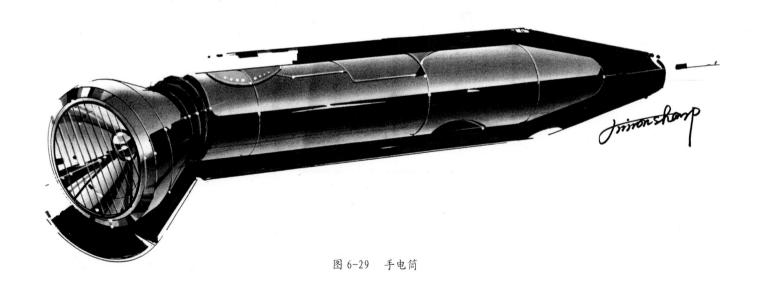

图 6-29　手电筒

如图 6-30 所示，设计者为了获得丰富的绘制经验，提高设计表述的应变能力，拥有个性鲜明的表述语言，要敢于尝试运用多种技法、各式工具解决设计表述问题。

图 6-30　跑车 4

如图 6-31 所示，借助辅助工具，通过较为精确表现图的绘制，是实现绘制技能提升与积累绘制经验的重要途径与手段。

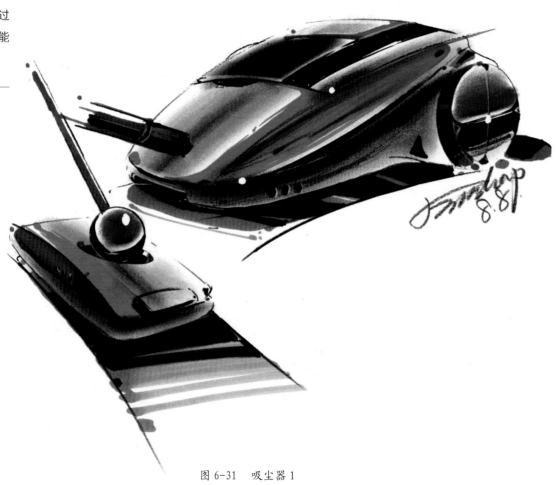

图 6-31　吸尘器 1

如图 6-32 所示，绘制汽车等高反光金属材质，流畅、富于变化的光影是质感建立的必要条件。光影的绘制来源于设计者对生活的观察、总结、提炼，但其绘制要把握"度"，切忌"花"，影响形体的塑造。

图 6-32　跑车 5

图 6-33　跑车 6

　　如图 6-33 所示，该图的绘制应充分运用线条语言表述设计构想，包括材质的描绘、对象结构的塑造、形体走势的刻画等。

如图 6-34 所示，为了提高绘制的效率和准确性，设计者在实践中经常采用徒手和辅助工具结合的方式进行绘制。徒手，主要是绘制"曲线化"的对象；采用辅助工具，主要是针对产品结构和精确造型的绘制。

图 6-34　吸尘器 2

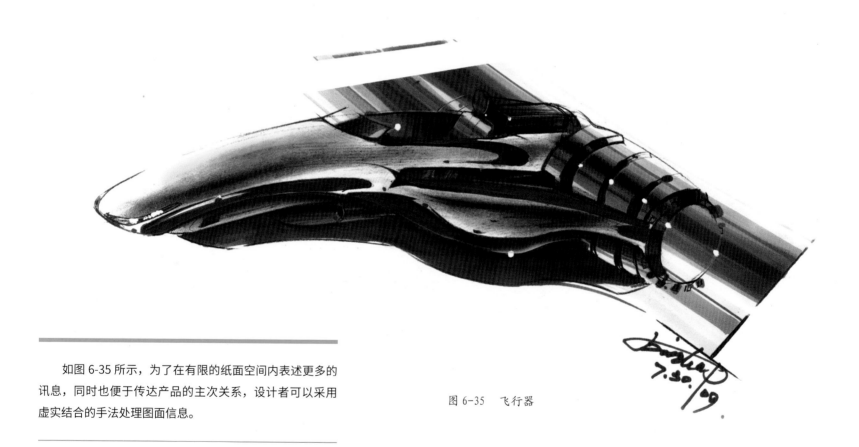

图 6-35　飞行器

如图 6-35 所示，为了在有限的纸面空间内表述更多的讯息，同时也便于传达产品的主次关系，设计者可以采用虚实结合的手法处理图面信息。

图 6-36　跑车 7

　　如图 6-36 所示，绘制产品表现效果图，设计者熟练地掌握每种主流设计风格、流派的特征性语言和符号十分必要。它是手绘语言具有"通识性"的关键因素，也是提升绘制效率的重要依托。

如图 6-37 所示，产品呈现的整体色彩关系与色调主要取决于设计要求、理念诉求、风格特征、绘制工具及绘制者个人等因素。

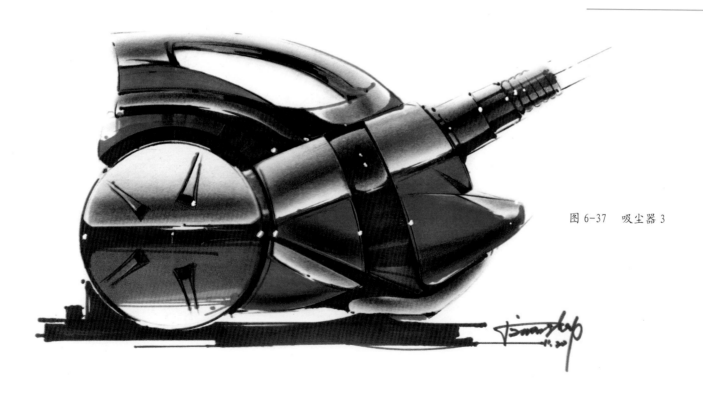

图 6-37　吸尘器 3

如图 6-38 所示，在特定产品的色彩表述上，该类型产品的色彩配置要求是着色工作的基础。同时，充分发挥每种表现工具的特性，是达成绘制又快、又好的前提。

图 6-38　打印机 2

如图 6-39 所示，对于车体的设计表述，线条的绘制应该是流畅、轻快且结构清晰的。同时，相关的工程知识既是绘制工作的必需基础，也是绘制应该予以展现的内容。

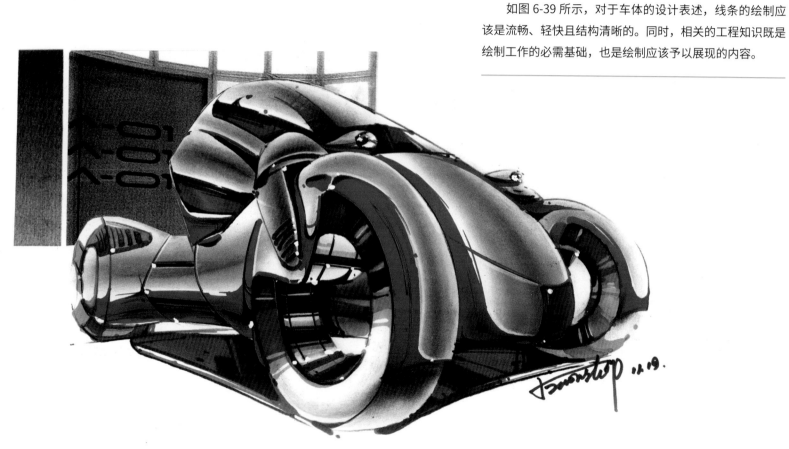

图 6-39　概念车 1

如图 6-40 所示，产品的设计表现在尊重对象固有色的基础上，少许环境色的点缀会获得较好的视觉感受。色粉擦拭不拘泥，表现出摩托艇的运动感和速度感。

图 6-40　摩托艇

图 6-41 是一张精确表现效果图，采用色粉、马克笔、白色颜料、尺规为主要着色手段。绘制该图的目的不在于表述设计理念，而是关注于绘制技法的提升与绘制经验的总结。

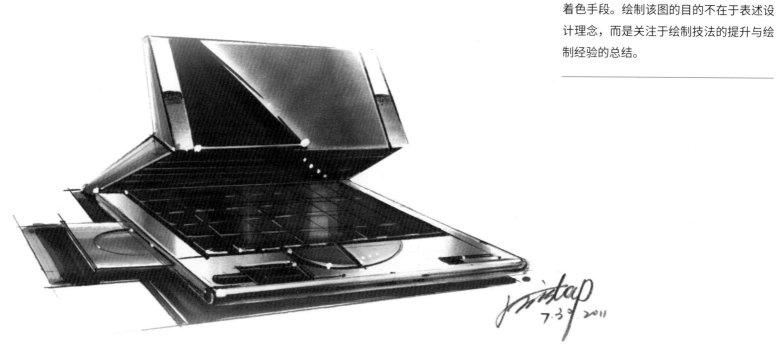

图 6-41　折叠电脑

图 6-42 以色粉 + 马克笔的方式塑造设计形体的材质属性、光影变化等。刻画时，设计者要注意构成设计的形体与环境间的相互影响。

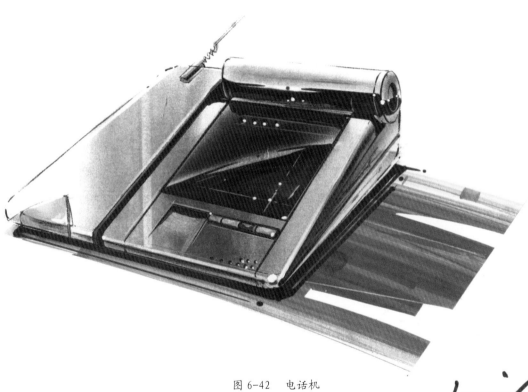

图 6-42　电话机

如图 6-43 所示，对于难觅一条直线的曲面车体，确保绘制相对准确的重要依托是绘画基础，尤其是良好的设计素描功底。

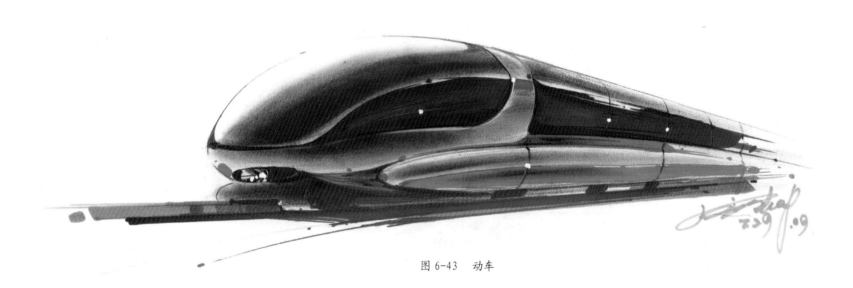

图 6-43　动车

图 6-44 采用色粉、马克笔以及白色颜料作为着色手段。设计者通过借助尺规、模板等辅助工具，彰显设计的工程感。

图 6-44　笔记本电脑

6.5　数位板表现图解析

　　如图 6-45 所示，设计者运用数位板进行电脑手绘，表现的对象应关注车体的结构和色彩的整体关系，以及质感属性的体现。近处的组件应把握结构关系的穿插，以及色彩细节的绘制。

图 6-45　造型车 3

如图 6-46 所示，设计者在使用数位板的实际绘制中，产品设计手绘表现图线稿的作用和地位十分重要，着色工作只要提供大致的色相与材质信息即可。

图 6-46 概念车 2

如图 6-47 所示，车体的快速表现图是数
位板绘制实践中应用最广泛的表述形式。因追
求绘制效率，设计者一般只会对车体主体轮廓
和重要结构进行交代，其他部分则会简单概括
或省略掉。

图 6-47　造型车 4

如图 6-48 所示，设计者在绘制汽车表现
图时，大都选用透视图和侧视图进行表述，顶
视图很少会采用。但若汽车顶部的设计形态很
具有代表性，也是很有必要进行绘制的。

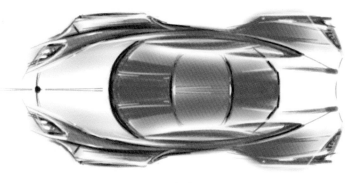

（a）

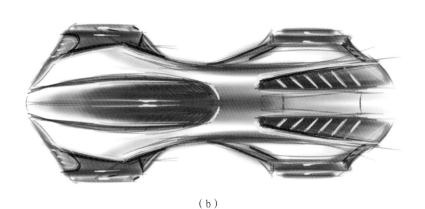

（b）

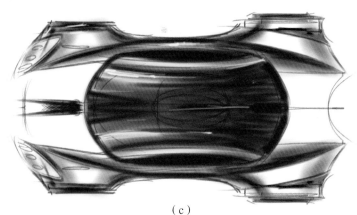

（c）

图 6-48　造型车组 1

如图 6-49 所示，设计者在使用数位板进行绘制时，即使选用相同的画笔工具，由于笔触硬度的变化形成虚实对比，也会营造出不同的画面氛围。

图 6-49　跑车 8

如图 6-50 所示，设计者通过笔触类型的选择和感压笔力度的调节，利用线条的粗细对比、轻重对比和长短对比等丰富画面的表现效果。

图 6-50 概念交通工具

如图 6-51 所示，设计者运用大面积的渐变底色，衬托车体的侧面形态。线条表现以白色为主，强化形体的层次表现，凸显出车体的金属质感。

图 6-51　造型车 5

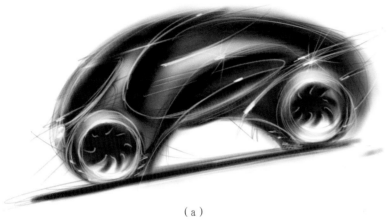

（a）

如图 6-52 所示，为了提高数位板绘制的效率和准确性，实践中常采用分图层进行绘制，设计者可依据需求及时进入相应的图层进行调节或修改。在明暗关系上，也可调节图层的透明度，通过色彩的叠加来完成形体体块关系的表述。

（b）

图 6-52　造型车组 2

图 6-53 为车体材质的肌理表述。设计者在用数位板手绘表现时，一般选用喷笔等笔触工具，相当于色粉的擦拭效果，可表现出汽车表面材质的光滑、细腻、反光等肌理感。

（a）

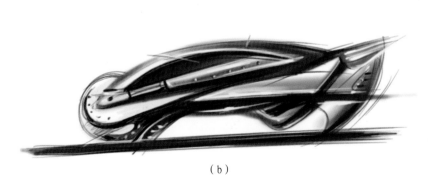

（b）

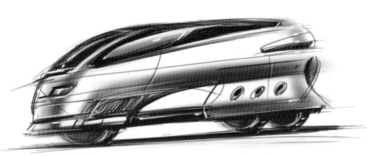

（c）

图 6-53　造型车组 3

如图 6-54 所示，数位板手绘表现可以分图层绘制，具有笔触覆盖力的强弱可调节的优势，因此设计者在用数位板进行深色车体的结构表述时，常采用白色线条勾绘出形体结构，使整个车体的表述显得更加灵动。

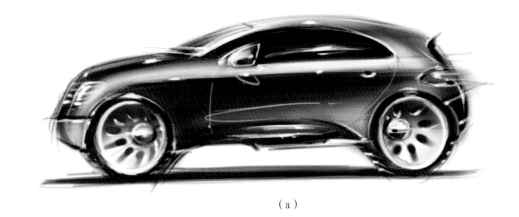

（a）

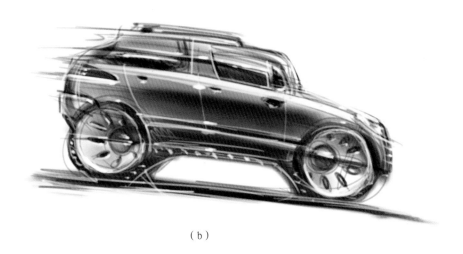

（b）

图 6-54　造型车组 4

> 小节：产品设计手绘表现图绘制能力的打造与提升，是一个众多因素合力作用的结果，很多绘制方法都是长期工作的总结和积累。在平时的学习、工作中，我们应注意结合自身实际，采取正确、恰当的学习方法，并配以相关学理的认知与掌握，才能使绘制水平得到不断提高。

习　　题

1. 按照产品类型的不同，各绘制作业 3 张。
2. 按照表现工具的不同，各绘制作业 3 张。

参 考 文 献

[1][荷] 库斯·艾森，罗丝琳·斯特尔 .Sketching 产品设计手绘技法：从创意构思到产品实现的技法攻略 [M]. 陈苏宁，译 . 北京：中国青年出版社，2009.

[2][韩] 金沅经 . 国际产品手绘教程——18 天掌握基础技法 [M]. 邱春红，译 . 北京：中国青年出版社，2014.

[3] 刘传凯 . 产品创意设计 [M]. 北京：中国青年出版社，2005.

[4] 汪臻 . 色彩表现 [M]. 合肥：合肥工业大学出版社，2007.

[5] [日] 清水吉治 . 产品设计效果图技法 [M]. 马卫星，译 . 北京：北京理工大学出版社，2013.

后 记

　　这些年，我们在有关产品设计课程教学的总结中，有一个普遍的感受：如今设计专业学生们的作业越来越"数字化"了。我绝未有反对计算机辅助设计的意思，只是发现有很多学生初期的创意很好，但最后做出来的设计效果与原创反差甚大，有的只是造型僵硬、比例怪异、缺乏设计美感的数字模型，大都没能将脑海中的预想恰当地表现出来。造成这一问题的原因虽是多方面的，但最主要的恐怕是自身对手绘表现的忽略和不重视。在创意初期阶段，手绘表现的重要性在于对创意的表述和形态的推敲。对设计美感的培养，很多是潜移默化的，但大家都太着急了，直接跳过这个过程，导致建模出的产品形态不具美感，功能布局不合理，造型比例失衡。也有些同学很认真地临摹手绘表现图，但过多注重线条的美感和画面效果，而忽略了手绘表现的职责和目的，导致了临摹效果很好，一到自己创意表现就懵圈，或绘制出的效果图状况百出。因此，笔者萌发了出版此书的想法并付诸以行动，希望能供大家参考，以实用出发，以表述职能为主，打破"设计表现图很难绘制"的印象。

　　现在呈现在读者面前的这本小书，是否达到了预期的设想和目标，我们自不敢说。但是，我们要感谢曾经为我们提供帮助的师长、同事和朋友们。

笔　者

2021 年 9 月 22 日

图书在版编目（CIP）数据

手绘设计表述：产品设计手绘表现图解析 / 王晓云，左铁峰，江涛著．
—合肥：合肥工业大学出版社，2022.5（2025.1重印）
ISBN 978-7-5650-5509-6

Ⅰ.①手…　Ⅱ.①王…②左…③江…　Ⅲ.①产品设计—绘画技法
Ⅳ.① TB472

中国版本图书馆 CIP 数据核字（2021）第 208025 号

手绘设计表述——产品设计手绘表现图解析

王晓云　左铁峰　江　涛　著		责任编辑　王钱超

出　版	合肥工业大学出版社	版　次	2022 年 5 月第 1 版
地　址	合肥市屯溪路 193 号	印　次	2025 年 1 月第 2 次印刷
邮　编	230009	开　本	787 毫米 ×1092 毫米 1/16
电　话	人文社科出版中心：0551－62903205	印　张	10
	营销与储运管理中心：0551－62903198	字　数	240 千字
网　址	www.hfutpress.com.cn	印　刷	安徽联众印刷有限公司
E-mail	hfutpress@163.com	发　行	全国新华书店

ISBN 978－7－5650－5509－6　　　　　　定价：58.00 元

如果有影响阅读的印装质量问题，请与出版社营销与储运管理中心联系调换。